建设社会主义新农村图示书系

图说花生病虫害防治关键技术

傅俊范　主编

中国农业出版社

编　著　者

主　编　傅俊范

副主编　方　红　周如军　朴春树

参　编　王大洲　杨凤艳　洪晓燕　朱茂山
周玉书　薛彩云　刘　波　吕成军
王　宏　梁　英　王立那　宋国华
赵志伟　严雪瑞　董　辉　郝　宁
苏　丹　孙嘉曼　苏维娜　刘　震
景殿玺　王思文　朱秋云　孙柏欣

摄　影　傅俊范　周如军　方　红　王大洲
杨凤艳　朱茂山　周玉书

前　言

花生是我国主要的油料作物和经济作物，具有悠久的栽培历史，种植面积位列世界第二位，总产量居世界第一，在国民经济和对外贸易中一直占有重要地位。近年来随着农业产业结构的调整和花生经济价值的提高，种植面积不断增加，花生产量高低和品质优劣直接影响到农民的经济收入和人们生活水平。花生产量和质量在很大程度上受到病虫害的影响，特别是近年来各种病虫害的发生和流行呈现逐年加重的趋势，导致花生产量降低、品质变劣，个别地区损失惨重。病虫害已成为花生产业发展限制性问题之一。加强花生病虫害基础研究工作和培养专业人才队伍对于提高我国花生病虫害整体防治水平，促进花生产业的可持续发展具有重要意义。

本书是作者在近年来承担辽宁省科技厅农业攻关计划项目“花生病虫害安全控制技术系统研究（2011214002）”基础上编写的，以图文并茂的形式介绍了59种花生主要病虫害发生为害及防控技术。病害部分24种，内容包括症状特点、病原种类、形态特征、发生规律和防治技术；虫害部分35种，内容包括分布与为

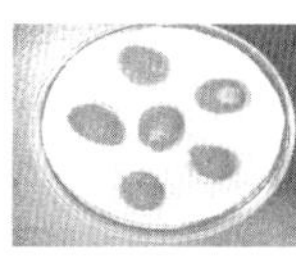

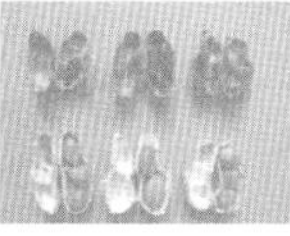
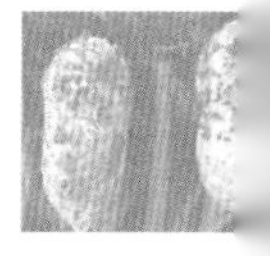

害、形态特征、发生规律及防治技术。全书配套有病虫害原色照片253幅。在编写过程中，遵循理论知识与生产实际相结合理念，力求充分体现科学性、先进性和实用性。本书可作为从事花生种植者以及相关科技人员和管理人员的工具书或参考书。

本书获辽宁省科技厅农业攻关计划项目“花生病虫害安全控制技术系统研究（2011214002）”经费资助。承蒙沈阳农业大学张治良教授和孙雨敏教授提供部分虫害图片并审阅其文稿，编撰过程中参考了相关论文和专著，参与编写的多名专家和研究生在图片采集和书稿整理过程中作出了贡献，在此一并致以诚挚的谢意！

我国花生病虫害研究基础相对较为薄弱，特别是一些新发生和新流行的病虫害尚缺乏深入系统研究。殷切希望植物保护工作者和花生栽培工作者携手共同关注和提高我国花生病虫的理论研究和防治技术水平，保障我国花生产业的健康可持续发展。由于编者的研究水平和时间所限，本书中疏漏及谬误之处在所难免，恳请读者不吝指正，以便进一步修订。

编　者

2013年2月

目　录

一、花生病害

花生病害种类繁多，全世界已报道的病害有50余种，主要病害有花生网斑病、褐斑病、黑斑病、菌核病、锈病、根结线虫病、病毒病等。近年来普发性、常发性病害依然肆虐，一些次要病害或局部发生病害上升为主要病害，如花生疮痂病在东北花生产区流行成灾，花生菌核病、根结线虫病、根腐病和白绢病等逐年加重，花生黄曲霉毒素带来的食品安全问题等，极大制约了花生产业的健康可持续发展。

花生网斑病

花生网斑病，又称云纹斑病、褐纹病。是花生上发生最为严重的叶部病害之一。1982年，在我国山东、辽宁花生主产区首次发现并报道花生网斑病。近年来，花生网斑病每年造成花生产量损失达20%以上。

[病害症状] 花生网斑病主要为害叶片，茎、叶柄也可受害。一般先从下部叶片发生，其叶部症状随发病条件的不同而表现两种典型症状：一种为网纹型，侵染初期菌丝体以菌索状生存于叶表面蜡质层下，呈白网状，随后从侵染点沿叶脉以放射方式向外扩展，呈星芒状，随病斑扩大，颜色由白、灰白、褐至黑褐色，形成边缘不清晰网状斑，病斑不能穿透叶片；另一种为污斑型，侵染初期为褐色小点，逐渐扩展成近圆形、深褐色污斑，边缘较清晰，周围有明显的褪绿斑，此时病斑可穿透叶片，但叶背面病斑稍小。

病斑坏死部分可形成黑色小粒点，为病菌分生孢子器。叶柄和茎受害，初为褐色小点，后扩展成长条形或椭圆形病斑，中央稍凹陷，严重时可引起茎、叶枯死。叶柄基部有不明显的黑褐色小点，为病菌的分生孢子器。

花生网斑病田间症状

花生网斑病病斑垂直分布特征

花生网斑病典型症状（初期）

花生网斑病典型症状（后期）

花生网斑病（网纹型）典型症状

花生网斑病（污斑型）典型症状

［病原］国际上把花生网斑病菌无性世代定为*Phoma arachidicola* Marasas Pauer & Boerema，属半知菌亚门球壳孢目茎点霉属真菌。通过光学显微镜镜检，该病菌分生孢子器淡褐色，球形或近球形，壁薄，具孔口，直径为50 ~ 180微米 ×50 ~ 200微米；分生孢子无色，长椭圆形或哑铃形，单胞，大小为2 ~ 4微米 ×3 ~ 9微米。

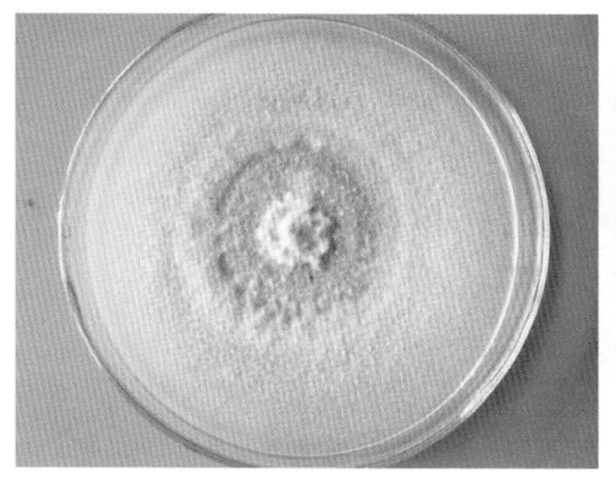

花生网斑病菌培养性状

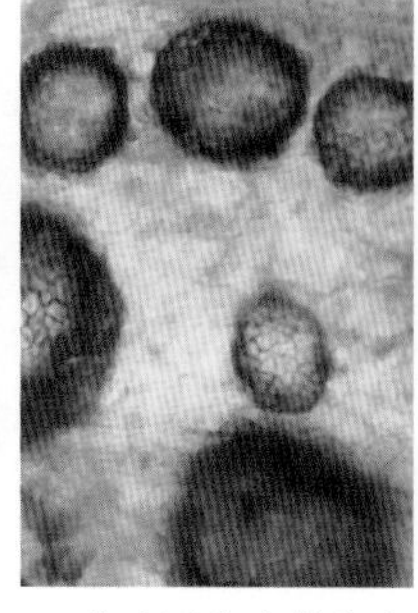

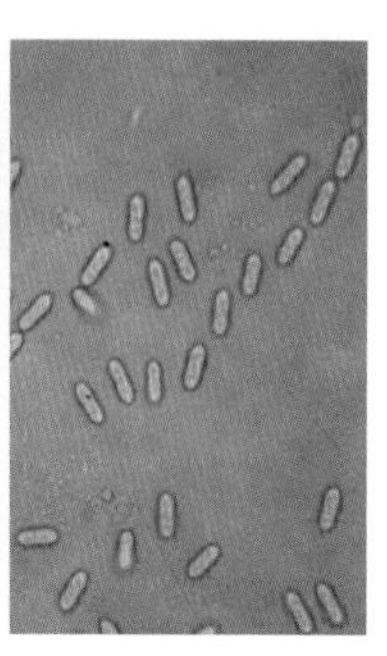

花生网斑病菌分生孢子器及分生孢子

花生网斑病菌在25℃恒温条件下培养，PDA培养基上最初为白色菌丝，并向四周水平生长，一般2～3天后菌落中央开始变色，呈毡毛状，菌丝致密，坚韧，而菌落的边缘始终保持白色并形成一个白色的环，菌落呈近圆形生长，后期菌落颜色逐渐加深。

[发病规律] 花生网斑病一般在花针期开始发生，8～9月为盛发期。病菌以菌丝、分生孢子器、厚垣孢子和分生孢子等在病残体上越冬。翌年主要以分生孢子和厚垣孢子进行初侵染。条件适宜时，当年产生的分生孢子借风雨、气流传播到寄主叶片上，萌发产生芽管直接侵入。花生网斑病的发生主要与气候条件和栽培条件关系密切。该病发生及流行适宜温度低于其他叶斑病害，湿度往往是该病发生流行的一个限制性因素，在花生旺盛生长的7～8月，持续阴雨和偏低的温度对病害发生极为有利，尤其是阴湿与干燥相交替的天气，极易导致病害大流行；该病平地明显重于山岗地；田间郁蔽，通风透光条件差，小气候温度降低、湿度大，花生网斑病易发生。

[防治技术]

（1）选用抗病品种　抗性较好的品种（系）主要有P12、群育101、花育20、鲁花4号、鲁花10号和鲁花11等，可因地制宜地采用。

（2）改进栽培技术　轮作换茬，可与甘薯、玉米、大豆等作物轮作；深耕深翻，减少土壤表层菌源；增施肥料，提高抗病力。

（3）清除病残体及土壤表面消毒　花生播种后3天内，用25%百科（双苯三唑醇）可湿性粉剂，或80% DTM可湿性粉剂，或代森环，或60%多菌灵，均用500倍液地面喷雾，封锁土壤中菌源，减少初侵染，上述药剂可与乙草胺混配喷洒，兼除杂草。

（4）化学防治　发病初期，叶面喷70%代森锰锌可湿性粉剂500倍液，或50%多菌灵可湿性粉剂600 ~ 800倍液，7 ~ 10天后再喷施1 ~ 2次10%苯醚甲环唑水分散粒剂1 500倍液、12.5%烯唑醇可湿性粉剂或30%苯甲·丙环唑悬浮剂3 000倍液，任选其一。

花生褐斑病

花生褐斑病又称花生早斑病，花生生长后期与花生黑斑病常混合发生，有人将两者合称叶斑病。该病是世界性普遍发生的病害，在我国花生产区均有发生，是我国花生上分布最广、为害最重的叶部病害之一。一般导致花生减产10% ~ 20%，严重的达40%以上。

[**病害症状**] 花生褐斑病主要为害叶片，严重时叶柄、茎秆也可受害。初期形成黄褐色和铁锈色针头大小的病斑，随着病害发展，产生圆形或不规则形病斑，直径达1 ~ 12毫米；叶正面病斑暗褐色，背面颜色较浅，呈淡褐色或褐色，气候潮湿时，在叶片正面产生灰绿色霉层；病斑周围有明显的黄色晕圈；在花生生长中后期形成发病高峰，发病严重时叶片上产生大量连片病斑，叶片枯死脱落，仅剩顶端少数幼嫩叶片；茎部和叶柄病斑为长椭圆形，暗褐色，稍凹陷。

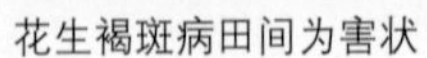
花生褐斑病田间为害状

花生褐斑病典型症状

[**病原**] 花生褐斑病菌无性世代为*Cercospora arachidicola* Hori，属半知菌亚门丛梗孢目尾孢菌属真菌。菌丝分布于寄主细胞间和细胞内，不产生吸器。病菌产生深褐色子座，直径22 ~ 98微米，多在叶片正面形成，散生，排列不规则。分生孢子梗丛生或散生，多数单生，膝状弯曲，不分支，大小为15 ~ 45微米×3 ~ 6微米，黄

褐色，基部色暗，无隔膜或有1～2个隔膜。分生孢子无色或淡橄榄色，细长，3～12个隔膜，多数为5～7个隔膜，大小为35～110微米×2～6微米。病菌生长发育的温度为10～37℃，最适温度为25～28℃，在培养基上形成孢子无需光照。

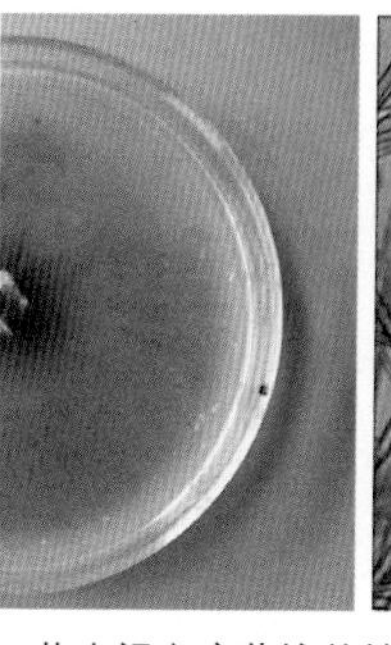
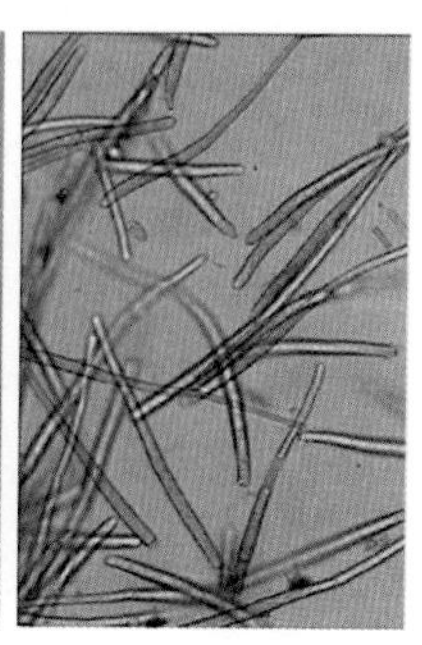

花生褐斑病菌培养性状和分生孢子形态

［发病规律］ 花生褐斑病一般6～7月开始发病，7月下旬至8月中、下旬为病害盛发期。病菌以子座、菌丝团或子囊腔在病残体上越冬。翌年条件适宜时，菌丝直接产生分生孢子，借风雨传播进行初侵染和再侵染。通常子囊孢子不是病菌主要侵染源。在适宜的温、湿度条件下，分生孢子反复再侵染，促进病情发展，至收获前可造成几乎所有叶片脱落。花生生长季节夏季、秋季多雨，昼夜温差大，多露、多雾，气候潮湿，病害发生重，少雨、干旱天气则发生轻；花生不同生育阶段植株感病程度差异明显，通常生长前期发病轻，中、后期发病重；幼嫩叶片发病轻，老叶发病重。

［防治技术］

（1）种子消毒　可用种子重量0.5%的50%多菌灵可湿性粉剂拌种。

（2）化学药剂防治　发病初期可选择喷施50%多菌灵可湿性粉剂600～800倍液、70%代森锰锌可湿性粉剂400～500倍液；随着病情发展和雨季的来临可选择喷施2～3次10%苯醚甲环唑水分散粒剂1 500倍液、30%苯甲·丙环唑悬浮剂3 000倍液、43%戊唑醇悬浮剂3 000倍液、40%戊唑·多菌灵悬浮剂1 000倍液、10%己唑醇悬浮剂1 000倍液等，同时可加入有机硅等增效剂。

（3）加强栽培管理　适期播种、合理密植、施足基肥，避免偏施氮肥，增施磷、钾肥，适时喷施叶面肥。加强田间管理，促进花生健壮生长，提高抗病力，减轻病害发生。

花生疮痂病

花生疮痂病1992年相继在广东、江苏、福建、广西等地区暴发成灾，自2011年开始在辽宁花生产区流行成灾，削弱植株长势，引起提早落叶，一般病田减产10%～30%，严重病田损失在50%以上。

[**病害症状**] 花生疮痂病主要为害花生叶片、叶柄、茎秆，也可以为害叶托等部位。病害最初在植株叶片和叶柄上产生大量小绿斑，病斑均匀分布或集中在叶脉附近。随着病害发展，叶片正面病斑变淡褐色，边缘隆起，中心下陷，表面粗糙，呈木栓化，严重时病斑密布，

花生疮痂病田间流行状

花生疮痂病叶片典型症状（初期）

花生疮痂病叶片典型症状（中期）

花生疮痂病叶片典型症状（后期）

花生疮痂病叶尖发病特征

花生疮痂病叶片畸形状

全叶皱缩、扭曲。叶片背面病斑颜色较深，在主脉附近经常多个病斑相连形成大斑。随着受害组织的坏死，常造成叶片穿孔。

叶柄发病时，形成褐色病斑，初期圆形或椭圆形，随着病情发展，病斑稍凹陷，呈长圆形或多个病斑汇合连片，严重发生时叶片提早死亡。

茎秆发病时，经常多个病斑连接并绕茎扩展，呈木栓化褐色斑块，有的长达1厘米以上。病害发生严重时，疮痂状病斑遍布全株，植株矮化或呈弯曲状生长。

花生疮痂病叶柄典型症状

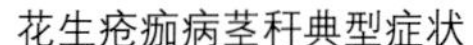
花生疮痂病茎秆典型症状

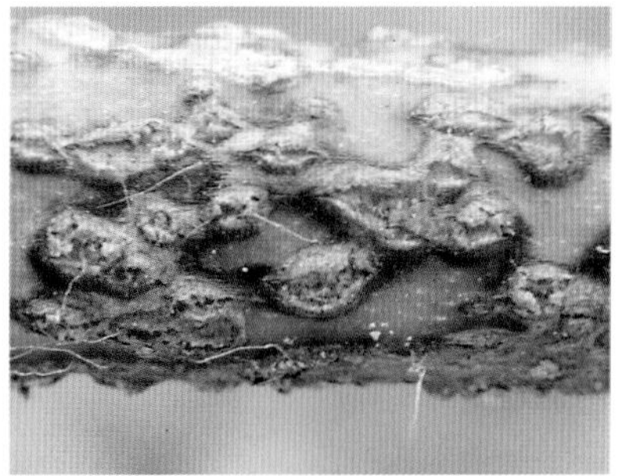

花生疮痂病茎秆病斑形态

［病原］据张宝棣报道（1995），花生疮痂病病菌为落花生痂圆孢菌（*Sphaceloma arachidis* Bitaucourt et Jenkins），属半知菌亚门黑盘菌目痂圆孢属真菌。花生疮痂病菌在25℃恒温条件下培养，在PDA培养基上生长极其缓慢，菌落为褐绿色，菌丝致密，菌落生长3天后即可产生3种不同类型的分生孢子：一种为长纺锤形至圆筒形，两端钝圆一端稍尖钝，油点明显或不明显，大小为2.9 ~ 3.5微米 × 9.0 ~ 10.2微米；一种为圆筒形，中部稍缢缩而呈哑铃状，两端钝圆，

并各具一油点，大小为3.2 ～ 3.5微米 ×6.1 ～ 6.4微米；最后一种为短椭圆形至卵形，一端稍尖钝，两端也各具一油点，大小为2.3 ～ 2.5微米 ×5.2 ～ 5.8微米。据作者初步研究，该病原菌在寄主植物发病部位难以检视到病症，且病原菌分离困难。目前尚无病原菌照片。

[**发病规律**] 花生疮痂病初发期一般为6月中、下旬，7 ～ 8月为病害盛发期。该病菌主要是以分生孢子及厚垣孢子在病残体上越冬，并成为翌年初侵染源，病株残体腐烂后可能以厚垣孢子在土壤中长期存活，分生孢子通过风雨向邻近植株传播，逐渐形成植株矮化、叶片枯焦的明显发病中心。该病菌具有潜伏期短、再侵染频率高、孢子繁殖量大的特点。发病早晚与降雨持续时间长短、降雨日数、降雨量关系密切；持续性降雨可促使疮痂病发病早、蔓延迅速和大面积暴发成灾。降雨延迟到9月上、中旬，疮痂病仍可侵染发病。

[**防治技术**]

（1）加强花生品种的选育、引种和抗性品种的推广　各地区主栽品种由于种植时间较长，混杂、老化、退化问题严重，抗病性差。感病品种主要有粤油5 号、天府11 、金花21、泉花10 号和汕油523等；中感品种有濮花16、汕油71、白沙1016 和黔花生1 号等；中抗品种有花育17、花育21、鲁花11、豫花15和淮花8 号等；抗病品种主要有徐花8 号、P903-2-40 和G/845等。

（2）合理调节种植结构，减少连作重茬　与其他作物进行轮作，合理调整种植结构，减少连作重茬，对于病害防控具有重要意义。

（3）加强田间管理　增施磷、钾肥，控制氮肥使用量，在花生生长盛期及时喷施花生生长促控剂（PBOG）每亩* 30克，抑制疯长，促进花芽分化，增加花生产量。

（4）药剂防治　发病初期可选喷50%多菌灵可湿性粉剂600 ～ 800倍液、75%百菌清可湿性粉剂600 ～ 800倍液、40%百菌清悬浮剂400 ～ 600倍液、70% 代森锰锌可湿性粉剂400 ～ 500倍液；随着病情发展和雨季的来临，可选喷10%苯醚甲环唑水分散粒剂1 500倍液、12.5%烯唑醇可湿性粉剂或30%苯甲 · 丙环唑悬浮剂3 000倍液、43%戊唑醇悬浮剂3 000倍液、60%吡唑代森联（百泰）1 000倍液等药剂，同时可加入有机硅等增效剂。间隔10天，连续喷施2 ～ 3次。

* 亩为非法定计量单位，1亩=1/15公顷。——编者注

花 生 灰 斑 病

花生灰斑病在我国各花生产区均有发生，在印度、泰国、尼泊尔等地也有发生，为花生生产中的次要病害，零星发生，为害较轻。

[病害症状] 花生灰斑病病菌初期侵染花生的受伤或坏死组织，而后扩展到叶片的新鲜组织。叶片受害，叶斑近圆形或不规则形，初为黄褐色，即而变为紫红褐色，以后病斑中央渐变成浅红褐色至枯白色，上面散生许多小黑点，即病菌的分生孢子器，边缘有一红棕色的环，病斑常破裂或穿孔。经常多个病斑连片，形成更大坏死斑。

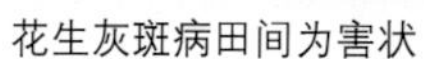

花生灰斑病田间为害状

花生灰斑病典型症状

[病原] 花生灰斑病菌为*Phyllosticta arachidis-hypogaea* Vasant，属半知菌亚门球壳孢目叶点霉属真菌。分生孢子器球形，初埋生于寄主组织内，后外露，器壁薄，膜质；分生孢子卵圆形，无色，单胞，有2 ~ 3个油滴，大小为5 ~ 9微米 ×2.5 ~ 3微米。

花生灰斑病菌在PDA培养基上最初为白色菌丝，并向四周水平生长，后期变为灰白色，呈毡毛状，菌丝致密，坚韧性较强，呈近圆形生长，但边缘多不整齐，类似花生网斑病病原菌菌落形态，经过约30天在菌落上产生孢子。

[发病规律] 病原菌以分生孢子器在病残体上越冬，翌年分生孢子器破裂，以分生孢子作为初侵染源，高温高湿有利于该病发生。

[防治技术]

（1）选用抗病品种　可因地制宜地采用不同的抗病品种。

（2）改进栽培技术　轮作倒茬，可与甘薯、玉米、大豆等作物轮

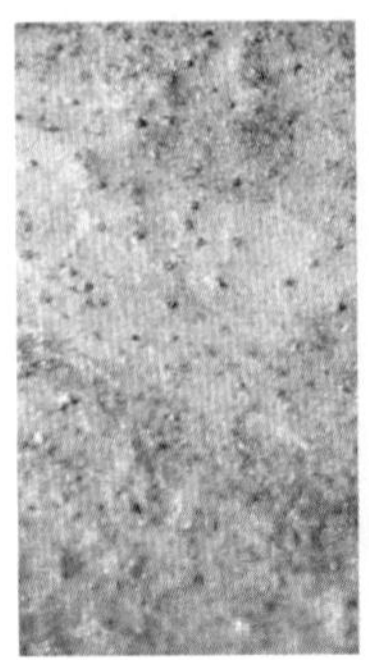
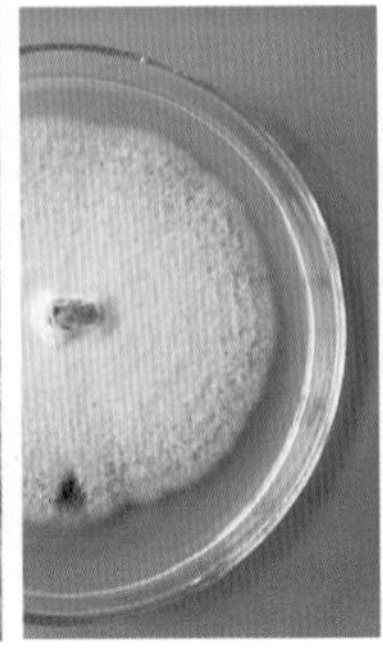

花生灰斑病菌病症形态与培养性状

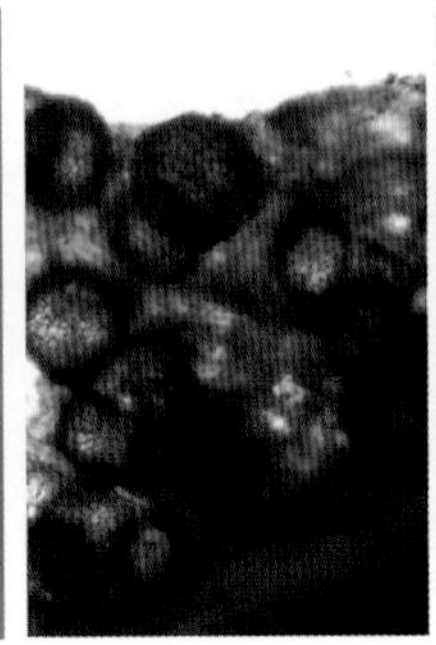
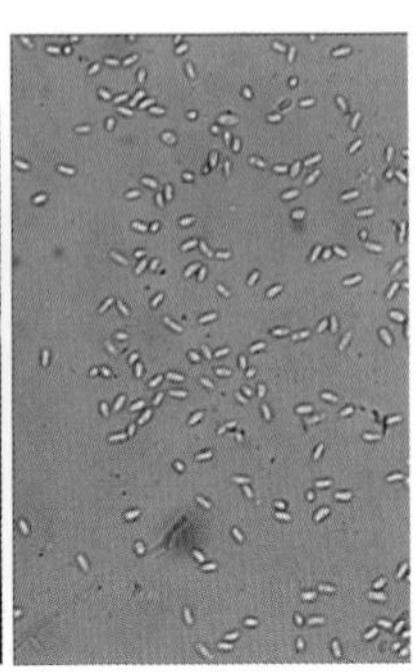

花生灰斑病菌分生孢子器和分生孢子

作。清除洁田园，深耕深翻，减少土壤表层菌源。增施肥料，提高抗病力。

(3) 化学防治　发病初期可选喷50％多菌灵可湿性粉剂600～800倍液、40%百菌清悬浮剂400～600倍液、70%代森锰锌可湿性粉剂400～500倍液；随着病情发展和雨季的来临可选喷10%苯醚甲环唑水分散粒剂1 500倍液、30%苯甲·丙环唑悬浮剂3 000倍液、60%吡唑代森联（百泰）1 000倍液等药剂，同时可加入有机硅等增效剂，间隔10天，连续喷施2～3次。

花生黑斑病

花生黑斑病在花生整个生长季节都可发生，但发病高峰多出现于生长的中后期，故有“晚斑”病之称，为国内外花生产区常见的叶部真菌病害之一。受害花生一般减产10%～20%。

［**病害症状**］花生黑斑病主要为害叶片，严重时可为害叶柄、托叶和茎秆等。黑斑病和褐斑病可同时混合发生。黑斑病病斑一般比褐斑病小，直径1～5毫米，近圆形或圆形。病斑呈黑褐色，叶片正反两面颜色相近。病斑周围通常无黄色晕圈，或有较窄、不明显的淡黄色晕圈。在叶背面病斑上，常产生许多黑色小点（病菌子座），成同心轮纹状，并有一层黑褐色霉状物，即病菌分生孢子梗和分生孢子。病害严重时，产生大量病斑，引起叶片干枯脱落。病菌侵染茎秆，产生黑褐色病斑，凹陷，严重时使茎秆变黑枯死。

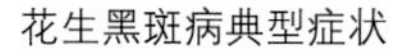
花生黑斑病典型症状

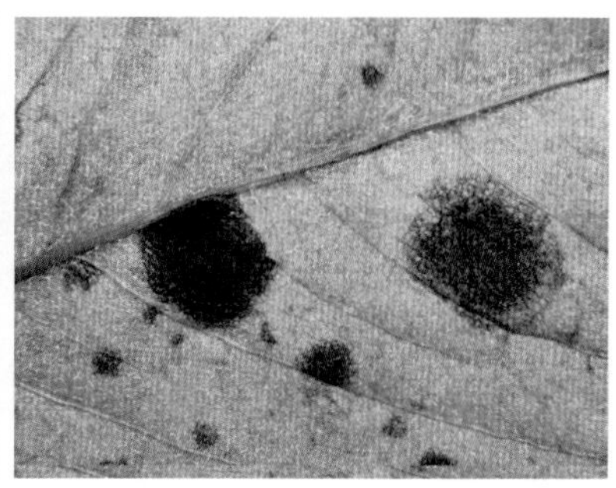

花生黑斑病（左）与褐斑病（右）对比

［**病原**］花生黑斑病病原菌无性世代为*Cercospora personata* (B. & C.) Ell. & Ev.，属于半知菌亚门丛梗孢科尾孢菌属。分生孢子梗丛生，聚生于分生孢子座上，粗短，多数无隔膜，末端屈曲，褐色至暗褐色，大小为24 ～ 54微米 ×5 ～ 8微米。分生孢子倒棒状，较粗短，橄榄色，多胞，具1 ～ 8个隔膜，以3 ～ 5隔膜居多，大小为18 ～ 60微米 ×5 ～ 11微米。

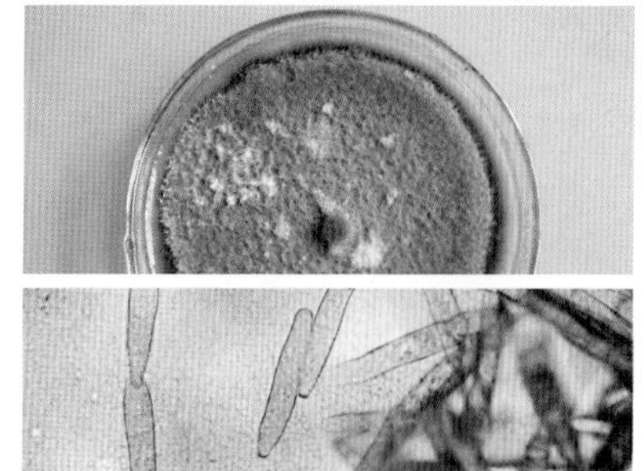

花生黑斑病菌培养性状和分生孢子

［**发病规律**］病菌以子座或菌丝团在病残体上越冬，翌年在适宜条件下，分生孢子借风雨传播，孢子落到花生叶片上，遇适宜温度和水滴，萌发产生芽管，直接穿透表皮进入组织内部，产生分枝型吸器汲取营养。病菌生长温度为10 ～ 37℃，适温为25 ～ 28℃，并需要高湿环境，高湿更有利于孢子产生和萌发。秋季多雨、气候潮湿，病害重；少雨干旱年份发病轻；土壤瘠薄、连作田易发病；老龄化器官发病重；底部叶片较上部叶片发病重。

［**防治技术**］

（1）因地制宜选用抗病品种　抗病品种有鲁花11、鲁花14、豫花1号、豫花4号、豫花7号、湛江1号和粤油92号等。

（2）加强栽培管理　适期播种，加强田间管理，合理密植，善管肥水，注意田间卫生等。花生收获后，及时清除田间病残体，集中烧毁或沤肥，以减少初侵染菌源。

(3) 药剂防治　田间发现病情后及时进行药剂防治，可选喷10%苯醚甲环唑水分散粒剂1 500倍液、12.5%烯唑醇可湿性粉剂2 000 ~ 2 500倍液、30%苯甲·丙环唑悬浮剂3 000倍液、60%吡唑代森联（百泰）1 000倍液等药剂，同时可加入有机硅等增效剂，间隔10天，连续喷施2 ~ 3次。

花生菌核病

花生菌核病，又称花生叶部菌核病，是我国花生产区发生的一种新病害。徐秀娟等（1993）首次在山东省花生研究所莱西试验田发现。该病在山东、河南、广东等省发生严重，一般造成减产15% ~ 20%，发病严重的年份达25%以上。

[**病害症状**] 当花生进入花针期，花生菌核病病菌首先为害叶片，总趋势是自下而上，随着病害发展也可为害茎秆、果针等地上部分。感病叶片干缩卷曲，很快脱落。茎秆上病斑长椭圆或不规则形，稍凹陷，造成软腐，轻者导致烂针、落果，重者全株枯死且在枯萎的枝叶上长出菌核。其症状随着田间湿度的不同而有所变化，在干旱条件下，叶片上的病斑呈近圆形，直径0.5 ~ 1.5厘米，暗褐色，边缘有不清晰的黄褐色晕圈；在高温高湿条件下，叶片上的病斑为水渍状，不规则黑褐色，边缘晕圈不明显。

[**病原**] 花生菌核病菌无性阶段为*Rhizoctonia solani* Kühn，属半知菌亚门无孢目丝核菌属真菌。初生菌丝有隔膜，分枝呈直角，分枝

花生菌核病为害茎基部状

花生菌核病为害叶片状

花生菌核病导致叶片腐烂状

花生菌核病病叶上产生菌核形态

处缢缩，分枝不远处有一隔膜，菌丝直径6.0 ~ 12.5微米。病菌生长的温度为5 ~ 40℃，最适温度为25 ~ 30℃。该菌寄主范围广泛，除为害花生外，还可侵染水稻、棉花、大豆、番茄、菜豆和黄瓜等多种作物。

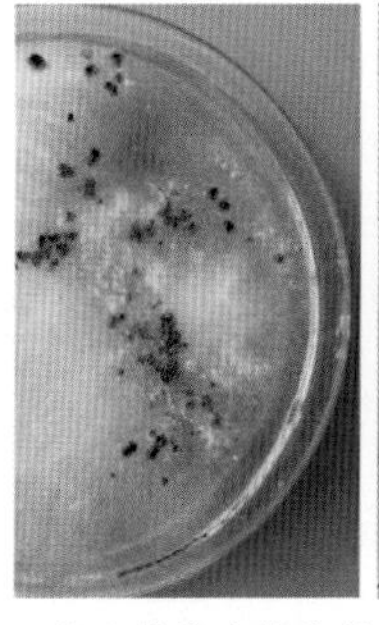
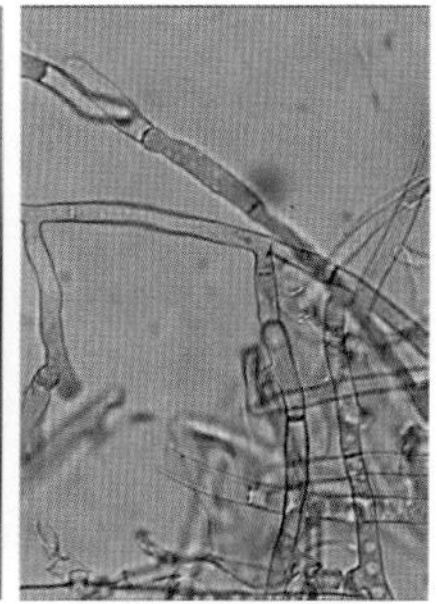
花生菌核病菌培养性状和病菌菌丝形态

［**发病规律**］在我国花生产区，菌核病发病初期一般在7月上旬，高峰期在7月下旬至8月中旬。在南方花生产区（以广东省为例），始发期和盛发期相应提早半月左右。病菌以菌核在病残体、荚果和土壤中越冬，菌丝也能在病残体中越冬。病株与健株相互接触时，病部的菌丝传播到健康植株的叶片上，并不断蔓延扩展，进行多次再侵染，也可随着田间操作或地表流水进行传播侵染。高温高湿条件有利于花生菌核病的发生蔓延，如田间连续阴雨、温度较高或田间植株过密，易引起菌核病流行。地块低洼或排水不良的田块发病较重。田间发病情况随着重茬年限的延长而逐渐加重。

［**防治技术**］根据花生菌核病侵染循环规律，防治应以抗病品种利用、控制初侵染来源为主，采取综合防治措施。

（1）因地制宜选用抗病品种　目前推广的主要花生品种抗性差异显著，但未发现免疫品种。抗性较好的品种有鲁花11、鲁花8号、鲁花9号、豫花5号和青兰2号等。

（2）清除田间病残体　田间发现病株立即拔除，集中烧毁或深埋。花生收获后清除病株，进行深耕，将遗留在田间的病残体和菌核翻入土中，可减少菌源，减轻翌年病情。

（3）轮作换茬　重病田应与小麦、谷子、玉米、甘薯等作物轮作，随着轮作年限增加田间病情明显减轻。

（4）药剂防治　发病初期可选喷40%菌核净可湿性粉剂1 000倍液、50%异菌脲可湿性粉剂1 000倍液、50%异菌脲（扑海因）可湿性粉剂1 000倍液，7 ～ 10天喷施一次，连续喷施2 ～ 3次。

花生焦斑病

花生焦斑病也称枯斑病、胡麻斑病。在我国各花生产区均有发生，以河南、山东、湖北、广东和广西等省份发生偏重，是为害花生的主要真菌病害之一，发病严重时田间病株率可达100%。急性流行情况下，在很短时间内，可引起花生叶片大量枯死，给花生产量带来严重损失。

［**病害症状**］该病通常产生焦斑型和胡麻斑型两种症状。常见的为焦斑型，通常自叶尖、少数自叶缘开始发病，病斑呈楔形向叶柄发展，初期褪绿，逐渐变黄、变褐，边缘常为深褐色，周围有黄色晕圈，后期叶片干裂枯死。早期病部枯死呈灰褐色，上面产生很多小黑点；胡麻斑型病斑小（直径小于1毫米），形状不规则至圆形，甚至凹陷。病斑常出现在叶片正面。在收获前多雨的情况下，该病出现急性

花生焦斑病初期症状

花生焦斑病典型症状（焦斑型）

花生焦斑病田间为害状

花生焦斑病典型症状（胡麻斑型）

症状。叶片上产生圆形或不定形黑褐色水渍状大斑块，迅速蔓延至全叶枯死，并发展到叶柄、茎、果针上。

［**病原**］花生焦斑病病原菌有性阶段为*Leptosphaerulina crassiasca* (Sechet) Jackson & Bell.，未发现无性阶段，属子囊菌亚门落花生小尖壳菌。该病菌子囊壳为褐色，近球形，孔口有短乳状突起，散生在寄主表皮内，开始半埋生，后渐露出。子囊初期无色至灰褐色，卵形至袋形，无侧丝，成熟时黄褐色。子囊孢子椭圆形，浅褐色，具1 ～ 2个纵隔和3 ～ 4个横隔，隔膜处缢缩。子囊孢子在子囊内排列不规则。

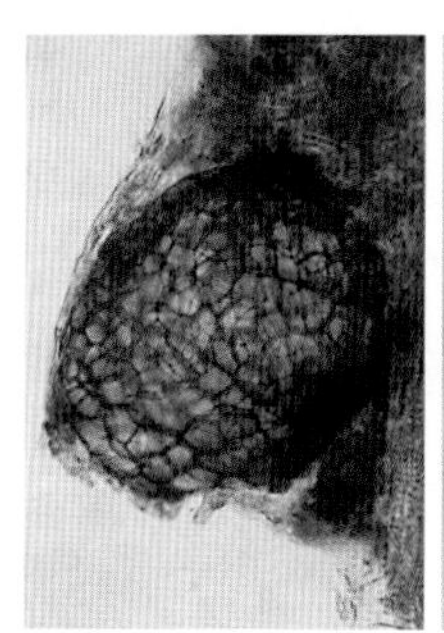

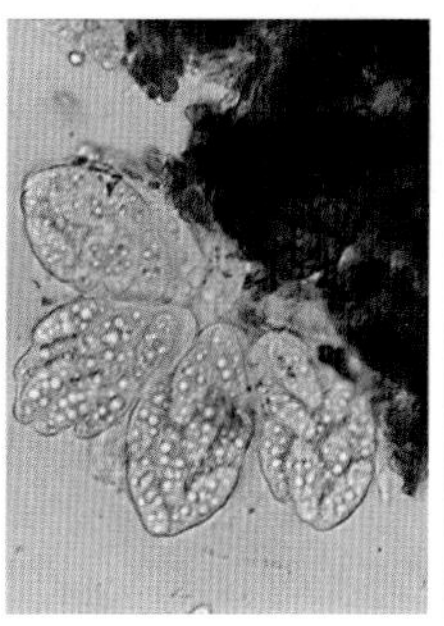

花生焦斑病菌子囊壳及子囊

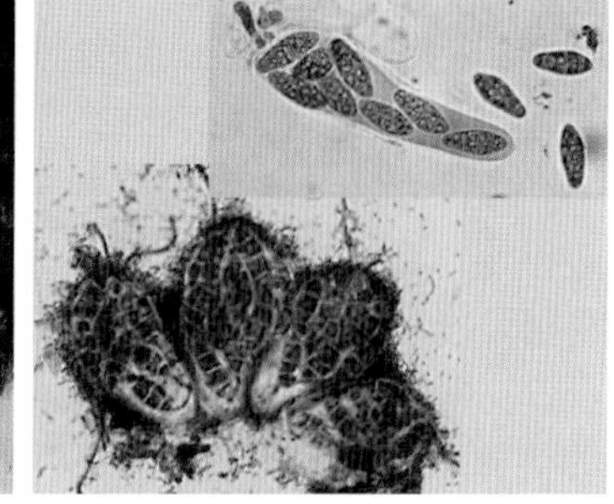

花生焦斑病菌子囊及子囊孢子

［**发病规律**］病菌以菌丝及子囊壳在病残体中越冬或越夏。花生生长季子囊壳在适宜条件下释放子囊孢子，借风雨传播侵入寄主，扩散高峰在晴天露水初干和开始降雨时。病害发生和流行与温、湿度关系

密切，特别是湿度是病害发生的重要因素，气温25 ～ 27℃，相对湿度70%～ 74%，有利于子囊孢子产生，病斑上产生新的子囊壳。病害潜育期一般为15 ～ 20天，病斑上再次产生子囊壳和子囊孢子进行再侵染。田间湿度大、土壤贫瘠和偏施氮肥都可导致花生焦斑病重发生。

[**防治技术**]

(1) 农业防治　合理使用氮肥，增施磷、钾肥，促使植株长势良好，提高抗病能力。采用轮作，深翻，深埋病株残体，适当早播，降低种植密度，覆盖地膜等措施有良好的防病效果。

(2) 药剂防治　发病初期可选喷施80%代森锰锌可湿性粉剂600 ～ 800倍液、50%多菌灵可湿性粉剂500 ～ 600倍液、25%联苯三唑醇可湿性粉剂600 ～ 800倍液。随病情发展可选喷10%苯醚甲环唑水分散粒剂1 500倍液、30%苯甲·丙环唑悬浮剂3 000倍液。病害防治指标以10%～ 15%病叶率，病情指数3 ～ 5时开始第一次喷药，以后视病情发展，相隔10 ～ 15天喷一次，连续喷施2 ～ 3次。

花生白绢病

花生白绢病，又称白脚病、菌核枯萎病、菌核茎腐病或菌核根腐病。世界各地均有发生，在我国一般南方花生产区发生较多，病株率为5%～ 10%，严重的可达到30%，个别田块高达60%以上。近年来北方花生产区花生白绢病发生逐年加重，已成为重要的土传病害。

[**病害症状**] 花生白绢病多在成株期发生，前期发生较少，主要为害茎基部、果柄、荚果及根。花生根、荚果及茎基部受害后，初呈褐色软腐状，地上部根颈处及其附近的土壤表面先形成白色绢丝(故称白绢病)，病部渐变为暗褐色而有光泽，茎基部被病斑环割而致植株死亡。在高湿条件下，感病植株的地上部可被白色菌丝束所覆盖，然后扩展到附近的土面而传染到其他的植株上。在干旱条件下，茎上病斑发生于地表面下，呈褐色梭形，长约0.5厘米。并有油菜子状菌核，茎叶变黄，逐渐枯死，花生荚果腐烂。该病菌在高温、高湿条件下开始萌发，侵染花生，沙质土壤、连续重茬、种植密度过大、阴雨天发病较重。

花生白绢病茎基部典型症状

花生白绢病地下部分典型症状

花生白绢病荚果受害症状

花生白绢病荚果和种子受害症状

花生白绢病荚果及种子被害状

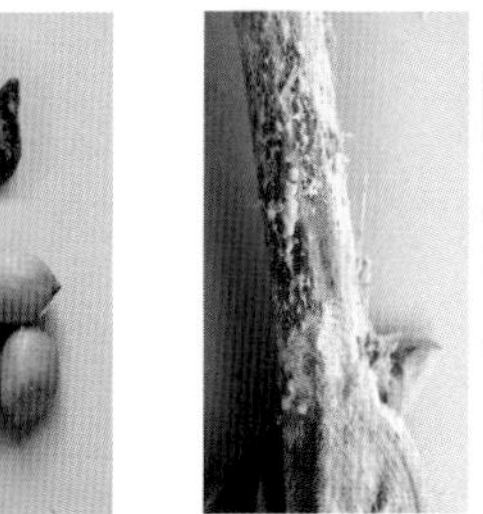
花生白绢病秆部和果荚产生菌核形态

［**病原**］花生白绢病菌无性阶段为*Sclerotium rolfsii* Sacc.，为半知菌亚门无孢菌目齐整小核菌属真菌。菌丝初期白色，后变黄褐色，宽3～9微米，常见有锁状联合，在基质上往往形成菌丝束。后期菌丝紧密聚集形成菌核。菌核初期为白色小球体，以后菌核增大变黄褐色，最后变黑褐色或茶褐色。

该菌在PDA培养基上，菌丝白色，密绒毛状，在基物上表形成菌丝束，很多菌丝聚集形成球形菌核，菌核初为白色，后变淡褐色，最后为暗褐色，大小如油菜籽，不和菌丝相连，直径为1～2.5毫米，平滑有光泽，菌丝生长的温度为15～42℃，最适为25～30℃。

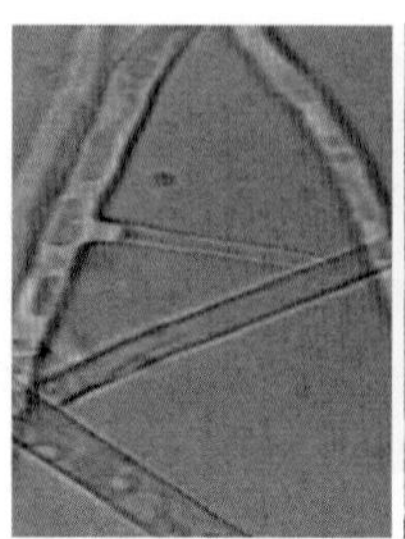
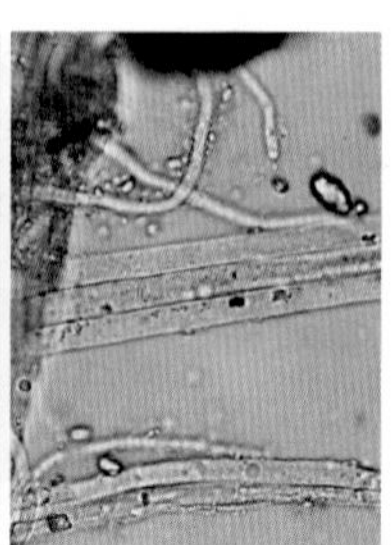

花生白绢病菌后期培养性状(左：正面，右：背面) 花生白绢病菌菌丝形态及三条菌丝平行成束

[**发病规律**] 病菌以菌核或菌丝在土壤中或病残体上越冬，大部分分布在3 ~ 7厘米的表土层中。菌核在土壤中可存活5 ~ 6年，尤其在较干燥的土壤中存活时间更长。病菌也可混入堆肥中越冬，荚果和种子也可能带菌。翌年田间环境条件合适时，菌核萌发，产生菌丝，从植株根茎基部的表皮或伤口侵入，也可侵入子房柄或荚果，引起病害发生，同时菌丝不断扩展，引起邻近植株发病。因此，该病害在田间常出现明显的发病中心，形成整穴枯死。病害在田间主要借助于地面流水、田间耕作和农事操作进行传播，传播距离较近。该病害一般在田间于6月下旬至7月上旬开始发生，7 ~ 9月为发病高峰期。

花生白绢病是一种喜高温、高湿病害。花生生长中后期如遇高温、多雨、田间湿度大，病害发生严重，干旱年份发生较轻。连作重茬地块随着种植年限增加田间病情逐渐加重。土壤黏重、排水不良和低洼地块发病重，播种期早田间发病较重。雨后暴晴，病株迅速枯萎死亡。

[**防治技术**]

(1) 因地制宜选用抗病品种　花生品种间抗性差异明显，可因地制宜地选用抗病品种。

(2) 轮作换茬　花生白绢病是典型的土传病害，病菌在土壤中存活的时间较长，可与禾本科作物进行3 ~ 5年轮作，以减轻田间病情。

(3) 适时推迟播期和合理施肥　据报道，花生适当推迟播期5 ~ 7天可明显降低白绢病的发生。合理施用氮、磷、钾肥，增施锌、钙肥和生物菌肥，既可调节花生植株营养平衡，提高抗性，又可增加土壤中有益菌群，抑制白绢病菌生长。

（4）及时清除田间病残体和深耕深翻　花生生长季节及时清除发病枝叶或整株，烧毁病残体，以减轻病菌积累和传播，控制流行速度和程度；秋后及时清除田间病残体，及时进行深耕深翻，以消灭菌源，可明显降低翌年田间病情。

（5）药剂防治　播种前可用种子重量0.25%～0.5%的50%多菌灵可湿性粉剂或2.5%咯菌腈悬浮种衣剂（适乐时）10～20毫升+0.136%赤·吲乙·芸苔可湿性粉剂（碧护）1克，对水100～150毫升拌种10～15千克，减少种子带菌率，有效预防土传病害，促进种子萌发和根系生长。发病初期可选喷40%菌核净可湿性粉剂1 500倍液、43%戊唑醇（好力克、安万思、金有望等）悬浮剂3 000倍液、50%异菌脲（扑海因）可湿性粉剂1 500倍液等药剂。每隔7～10天喷施一次，连续使用2～3次。

花生灰霉病

花生灰霉病属于世界性病害，美国、委内瑞拉、前苏联、日本和中国各地均有报道。一般为害较轻，但个别地方由于适宜的气候条件可能会引起灰霉病的流行成灾。1976年在广东春播花生田流行成灾，发生轻田块死苗率30%，严重田块可达90%，损失严重。病害在生长季早期发生易造成烂顶死苗和缺株断垄现象，发病较轻植株虽能生长，但长势减弱，影响荚果数量和种子饱满度，造成产量损失。

[**病害症状**] 花生灰霉病主要发生在花生生长前期，为害叶片、托叶和茎，顶部叶片和茎秆最易感病。被害部位初期形成圆形或不规则

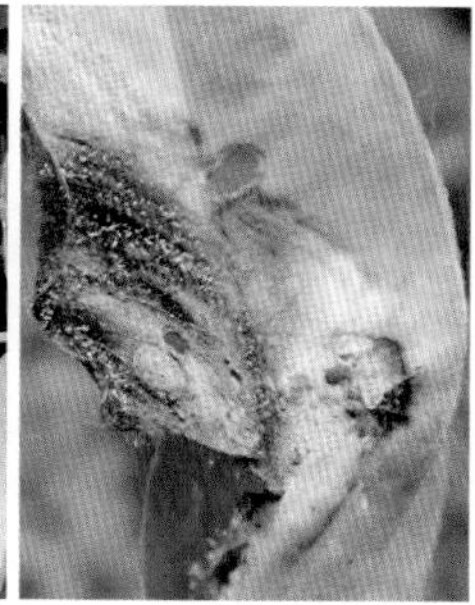

花生灰霉病叶片典型症状及其放大

花生灰霉病茎秆典型症状及其放大

形水渍状病斑，似水烫状。天气潮湿时，病部迅速扩大，变褐色，呈软腐状，表面密生灰色霉层（病菌的分生孢子梗、分生孢子和菌丝体），最后导致地上部局部或全株腐烂死亡。天气干燥时，叶片上的病斑近圆形，淡褐色，直径2～8毫米。在高温、低湿的条件下，仅上部死亡的病株下部可能抽出新的侧枝，许多轻病株都可能恢复生长。茎基部和地下部的荚果也可受害，变褐腐烂，发病部位产生大量黑色菌核。

[病原] 花生灰霉病病原菌无性世代为灰葡萄孢菌［*Botrytis cinerea*（Pers.）Fries］，为半知菌亚门、葡萄孢属真菌。病菌的分生孢子梗直立，丛生，浅灰色，有隔膜，顶端有几个分枝，分枝顶端细胞膨大，近圆形，大小为38.4微米×32.0微米，其上生许多小梗；小梗顶端着生1个分生孢子，形成葡萄穗状。分生孢子卵圆形，单细胞。

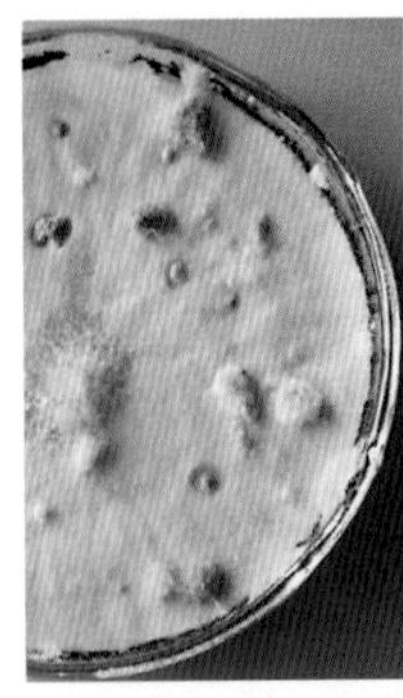
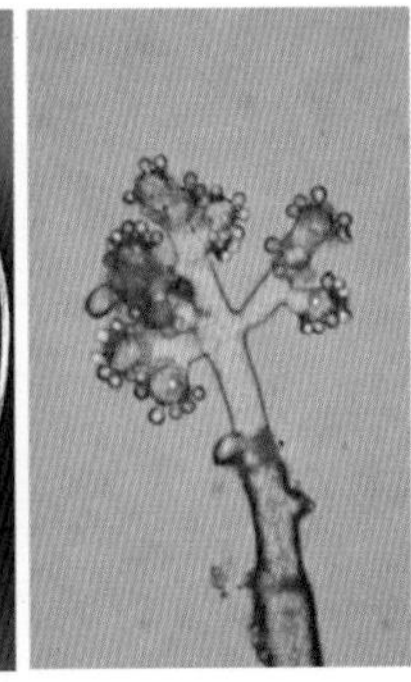

花生灰霉病菌培养性状及分生孢子梗形态

花生灰霉病病原菌在PDA培养基上生长速度较快，25℃恒温条件下，日平均生长速度为15.2毫米，生长初期菌丝致密为白色，生长后期菌丝逐渐变为灰白色，并且产生大量的菌核。

病菌寄主范围很广，除花生外，还包括葡萄、茄子、番茄、甘蓝、菜豆、洋葱、马铃薯、草莓等60多种植物。

[发病规律] 病菌以菌核和菌丝体随病残体遗落于土壤中越冬，以分生孢子作为初侵染与再侵染源，分生孢子借风雨传播，从伤口和自然孔口侵入。病害的发生流行受气象条件及生育期的影响最为明显，低温、高湿条件有利于病害发生流行，如遇上长时间的多雨、多雾、多露气温偏低条件，病害易流行。播后出土慢的植株较出土快的病重；沙质土较沿河岸冲积土发病重；偏施过施氮肥发病重。

[防治技术]

（1）选用抗病高产品种　花生品种间抗病性明显不同，澄油15、粤油551选、305等品种抗病力较强，可因地制宜地选种。

（2）农业防治　及时排除田间积水，降低田间湿度；合理使用氮肥，增施磷、钾肥；因地制宜地选择播期，避免过早播种；加强栽培管理，提高植株抗性。

（3）药剂防治　发病初期及时进行药剂防治。可选用10%多抗霉素可湿性粉剂800倍液、50%腐霉利可湿性粉剂1 000倍液、50%异菌脲可湿性粉剂1 500倍液喷施，隔7 ～ 10天喷一次，连喷2 ～ 3次。

花 生 锈 病

花生锈病最早于1882年由Balansa在巴拉圭首次发现，此后在前苏联、毛里求斯、印度和中国等地相继发生，成为一种世界性和暴发性的叶部真菌病害，国际半干旱热带地区作物研究所将其定为检疫对象。1973年我国广东花生锈病大发生，并波及广西、福建等地，随后长江以南地区几乎连年发生，山东和河南等地也相继有发生的报道。随着全球气候逐渐变暖，花生锈病有逐渐向北蔓延的趋势。花生锈病一般造成减产10%～ 20%，严重时可达30%～ 60%。

[**病害症状**] 花生锈病主要侵染花生叶片，也可为害叶柄、托叶、茎秆、果柄和荚果。花生锈病一般自开花期开始为害，以结荚期以后发生严重。先从植株下部叶片发生，逐渐扩展至顶叶，导致叶片黄化。叶片染病初期，在叶片正面或背面出现针尖大小淡黄色病斑，后扩大为淡红色突起斑，表皮破裂露出红褐色粉末状物，即病菌夏孢子。严重发生时，叶片上密生夏孢子堆，整个叶片很快变黄枯萎，整叶枯死，远望似火烧状。病情发展迅速，一般1 ～ 2周即可导致叶片枯死。病害发生严重时，也可造成茎秆、叶柄、托叶、果柄和果壳感病。

花生锈病田间初期症状（左）和典型症状（右）

（引自Thomas A. Lee）

[**病原**] 花生锈病病原为落花生柄锈菌（*Puccinia arachidis* Speg.），属担子菌亚门锈菌目柄锈菌属真菌。我国花生上未见冬孢子。夏孢子近圆形。夏孢子萌发适宜温度为25 ～ 28℃，且只在有水滴或水膜条件下才能萌发，夏孢子耐低温能力较强，耐高温能力较差。夏孢子在

黑暗条件下萌发率较高，直射阳光对孢子萌发具有抑制作用。花生锈病菌除侵染花生外，尚未见其他寄主。

[**发病规律**] 花生锈病的发生流行与气象条件、栽培条件和品种抗性关系密切。适温、高湿、密植利于病害的发生流行。影响锈病的主导气象因素主要有雨水量和持续时间、雾、露天数。一般多雨、高温的夏季和雾大露重的秋季锈病易流行，台风过后锈病往往也大发生。春季花生早播发病较轻，晚播发病较重；连作地块发病重，轮作发病轻；氮肥过多，密度大，发病重，反之发病轻。

[**防治技术**]

（1）选种抗病品种　因地制宜地选种抗病品种，如鲁花9号、鲁花11和8130、粤油22、粤油551、汕油3号、恩花1号、红梅早、战斗2号、中花17等，并注意品种的合理布局。

（2）清除田间病残体及栽培防治　重病地区实行1～2年以上轮作制度；适当调节播期，合理密植，施足基肥，增施磷、钾肥；及时中耕除草；高畦深沟栽培，做好排水沟、降低田间湿度；秋季花生收获后，清除田间病残体，减少菌源基数。

（3）药剂防治　做好田间病情监测，发病初期及时进行药剂防治。可选喷25%三唑酮可湿性粉剂3 000倍液、15%三唑酮可湿性粉剂1 000倍液、40%氟硅唑（福星）乳油7 000倍液、30%氟菌唑可湿性粉剂2 000倍液。隔7～10天喷一次，连续3～4次。喷药时可加入有机硅增效剂。

花生冠腐病

花生冠腐病，又称黑霉病、曲霉病或黑曲霉病。世界各地均有发生，在我国河南、山东、辽宁、江苏、湖北、湖南、广东、广西和福建等花生产区发生较为普遍。

[**病害症状**] 花生冠腐病病菌可侵染果仁、子叶和茎基部。花生从播种出土到成熟期均可染病，但主要发生在苗期或生长后期。病菌侵染种仁，易造成腐烂而不能发芽，在为害部位常出现一层黑色霉状物。侵染子叶胚轴，易造成未出苗就变黑腐烂或出苗后腐烂，出现缺苗断垄。侵染茎秆基部，初生黄褐色凹陷病斑，后迅速扩大，皮层纵向开裂，

组织干腐，最后仅剩下破碎的纤维组织，导致植株枯死。湿度大时可见病部出现黑色霉层。将病部纵向切开，可见维管束和髓部紫褐色。

［**病原**］花生冠腐病病原菌为*Aspergillus niger* Van Tiegh.，属半知菌亚门丝孢目曲霉属真菌。分生孢子梗无色或黄褐色，光滑，顶端膨大呈球形或近球形，球状体表面生两层小梗，黑褐色或黑色，分生孢子球形，褐色。

在PDA培养基上，初期菌丝白色，能分泌黄色素。分生孢子形成后，菌落变为黑色。病菌最适生长温度为32 ~ 37℃，在土壤中30 ~ 35℃条件下生长最快。冠腐病菌寄主范围较广，除侵染花生外，还能侵染棉花、苹果、石榴、梨、香蕉和无花果等植物。

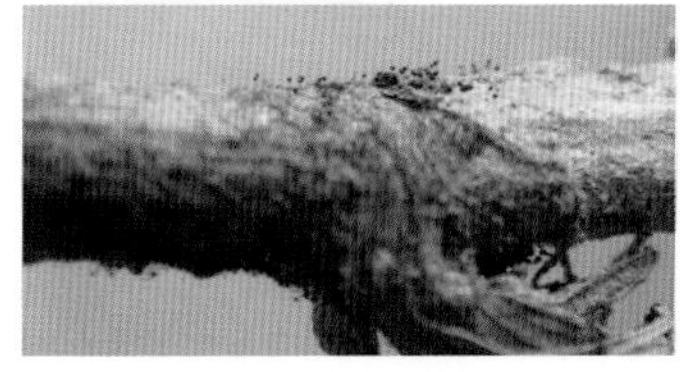

花生冠腐病茎秆开裂及典型症状

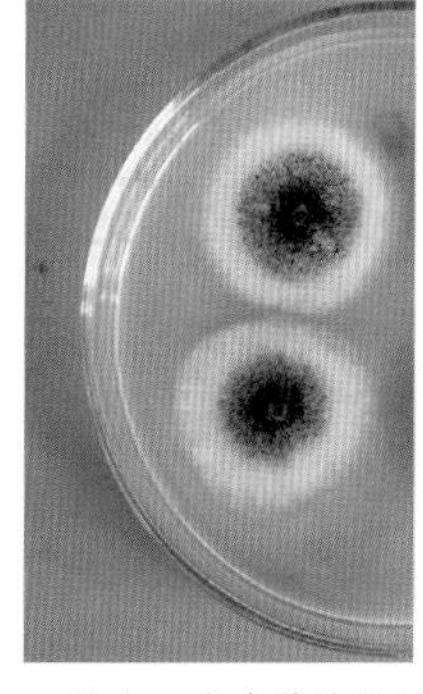

花生冠腐病菌培养性状及病菌形态特征

［**发病规律**］病菌以菌丝或分生孢子在土壤、病残体或种子上越冬。种子内外均可带菌，花生播种后，越冬病菌产生分生孢子侵入子叶和胚芽，严重者死亡不能出土，轻者出土后根颈部病斑上产生分生孢子，借风雨、气流传播进行再侵染。一般在开花期发病达到高峰，后期再发病的较少。花生冠腐病菌寄生性较弱，一般只能侵染生活力弱或受伤的组织，因此，种子的活力和植株生长势与病害发生密切相关。高温、高湿或间歇性干旱和多雨利于病害的发生；排水不良，管理粗放地块发病重；连作花生田发病重。

［**防治技术**］

（1）种植健康种子　在无病田选留花生种子，晒干，单独保存，储藏期防止种子霉变；播种前晾晒，然后剥壳选种。

（2）轮作　提倡与非寄主植物实行2 ~ 3年轮作，降低发病概率。

(3) 加强田间管理　适时播种，播种不宜过深；合理密植，防止田间郁闭；施用充分腐熟的有机肥，增施磷、钾肥，避免偏施氮肥，提高植株抗病力；适时灌溉，雨后及时排除积水，降低田间湿度。在花蕾期、幼果期、果实膨大期要喷施地果壮蒂灵，使地下果营养输导管变粗，提高地果膨大活力。

(4) 种子处理　用种子重量0.2%～0.5%的50%多菌灵可湿性粉剂，或用2.5%咯菌腈（适乐时）悬浮种衣剂10～20毫升+0.136%赤·吲乙·芸苔可湿性粉剂（碧护）1克，对水100～150毫升拌种10～15千克拌种，减少种子带菌率，有效预防土传病害促进种子萌发和根系生长。

花生根霉菌腐烂病

花生根霉菌腐烂病分布比较广泛，各花生产区均有发生，但一般为害较轻，只是在土壤环境水分过高的情况下发病。病原菌仅限于侵害未出土的幼苗和种子，但在出土的幼苗及较老的植株上也能分离到，病菌是一种弱寄生菌。

[**病害症状**] 在过高的土壤湿度和温度条件下，花生种子或未出土的幼芽被根霉菌侵害后，36～96小时内便能迅速腐烂。这时常常可见到种子被一团松散的菌丝体和黏附的土粒所包围。用带菌的种子播种后，当种子吸收水分时，病菌即开始活动，很快便能使种子腐烂。

幼苗顶芽和子叶柄偶尔也会被根霉菌侵染而部分或全部毁灭。坏死常发生在幼茎或其基部。在坏死处可见到菌丝丛和黑色孢子囊。

[**病原**] 引起花生种子和幼苗腐烂的根霉菌有少根根霉（*Rhizopus arrhizus*）、米根霉（*R. oryzae*）和黑根霉（*R. stolonifer*）三种。它们的生理特性和所要求的生态条件略有差别。

病菌生长适宜温度为18～37℃，相对湿度在80%以上孢子才能萌发，最适湿度为100%，是一种典型高温高湿性真菌。

[**发病规律**] 病菌孢子囊在土壤中以腐生形式可以长期存活，是常见的腐生性较强的真菌。近距离由土壤带菌传播，远距离可由气流传播，种子也可带菌，影响种子发芽率。根霉菌在10～20厘米土层中最多，喜欢酸性土壤，利用土壤中有机质进行快速繁殖。

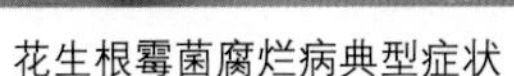

花生根霉菌腐烂病典型症状

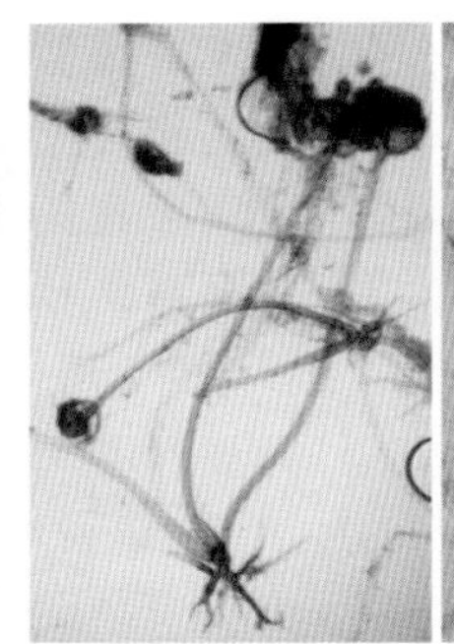

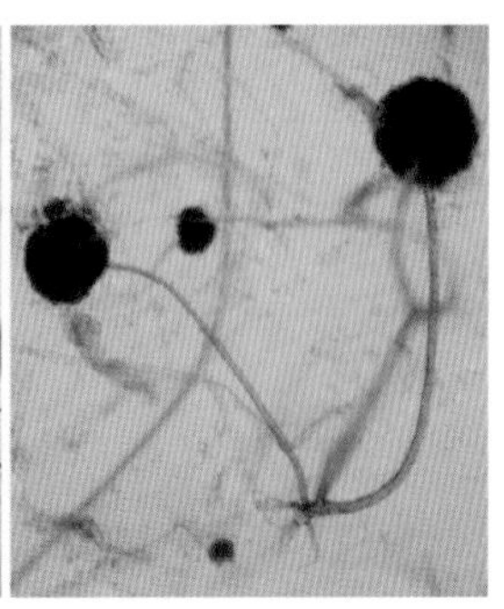

花生根霉菌腐烂病菌假根及孢囊形态

高温、高湿是病害发生的最有利条件。地势低洼常积水的地块发病重；种子质量差发病重；早播一般发病重。

[防治技术]

(1) 选择土壤　应选择地势高燥的沙质土或沙壤土种植花生。

(2) 健康栽培　多雨地区应采用高垄种植，雨后排水，及时松土。及时灌溉，尽量减少灌溉次数。

(3) 土壤处理　常发区和重病区，在花生成熟期每公顷施用石膏150 ~ 300千克，直接撒施于结果部位的地面上。一方面能直接抑制病原菌发育及扩展，另一方面还能增加果壳内的钙质提高抗病性。

(4) 种子处理　用种子重量0.2% ~ 0.5%的50%多菌灵可湿性粉剂，或用2.5%咯菌腈（适乐时）悬浮种衣剂10 ~ 20毫升+ 0.136%赤·吲乙·芸苔可湿性粉剂（碧护）1克，对水100 ~ 150毫升拌种10 ~ 15千克，减少种子带菌率。

花生镰孢菌根腐病

花生镰孢菌根腐病在世界各花生产区均有发生，我国广东、广西、安徽、江苏、山东、河南、辽宁、江西和福建等省份均有发生，以南方花生产区发生较重。花生镰孢菌根腐病主要侵染花生茎基部和地下根系，苗期至成株期均可发生，可造成全株枯死，对花生产量影响很大。一般产量损失5% ~ 8%，严重田块产量损失20%以上。近年来该病害有上升趋势，成为花生生产中较为重要的根部病害之一。

［病害症状］花生镰孢菌根腐病在花生整个生育期均可发病，出苗前感病可引起种子和幼芽腐烂；苗期为害可引起苗枯；成株期为害可引起根腐、茎基腐和荚果腐烂，病株地上部表现矮小、生长不良、叶片变黄，终致全株枯萎。由于发病部位主要在根部及维管束，使病株根变褐腐烂，维管束变褐，主根皱缩干腐，形似老鼠尾状。

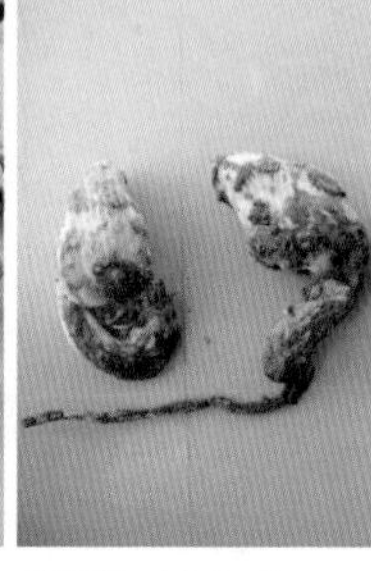

花生镰孢菌根腐病成熟期（左）和芽期（右）典型症状

花生镰孢菌根腐病荚果及果部症状

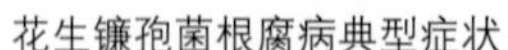

花生镰孢菌根腐病典型症状

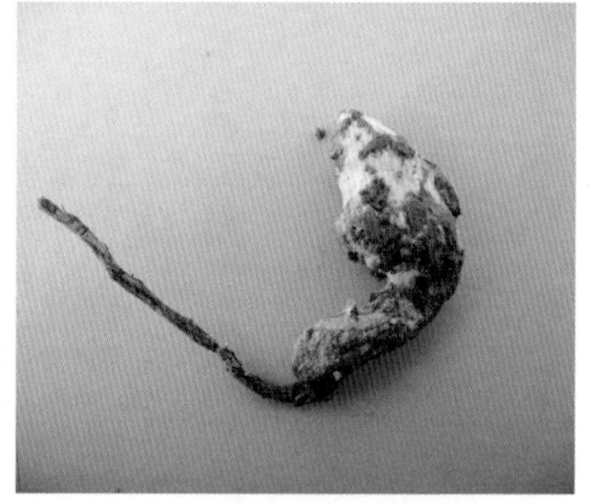

花生镰孢菌根腐病典型症状

［病原］病原为半知菌亚门镰孢菌属真菌，据国外记载引致花生镰孢菌根腐病的病原主要有以下5种：茄腐镰孢菌〔*Fusarium solani*（Mart.）App.et Wr.〕、尖孢镰孢菌（*F. oxysporum* Schlecht.）、粉红镰孢菌（*F. roseum* Link）、三线镰孢菌〔*F. tricinfectum*（Corde）Sacc.〕和串珠镰孢菌（*F. moniliforme* Sheld.）。该病菌能够产生小型分生孢子、大型分生孢子和厚垣孢子三种类型孢子，其中小型分生孢子无色、无分隔，圆筒形或肾形，多为单细胞；大型分生孢子镰刀形或新月形，具有3 ~ 5个分隔。厚垣孢子近球形，厚壁，多串生。

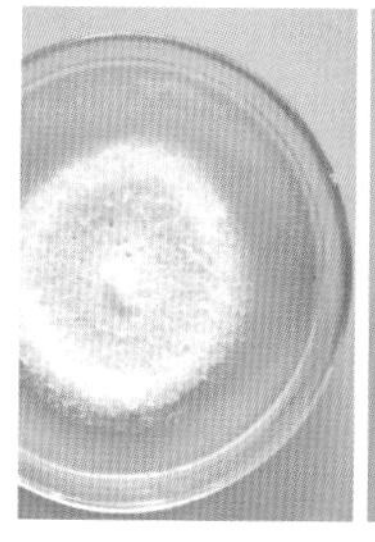

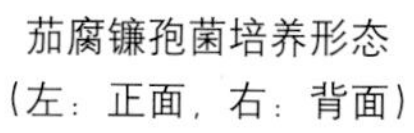
茄腐镰孢菌培养形态
（左：正面，右：背面）

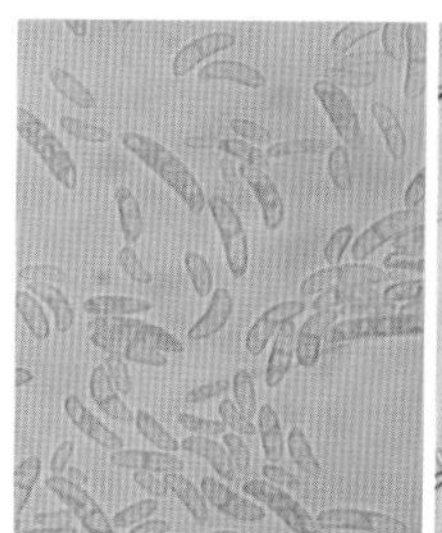
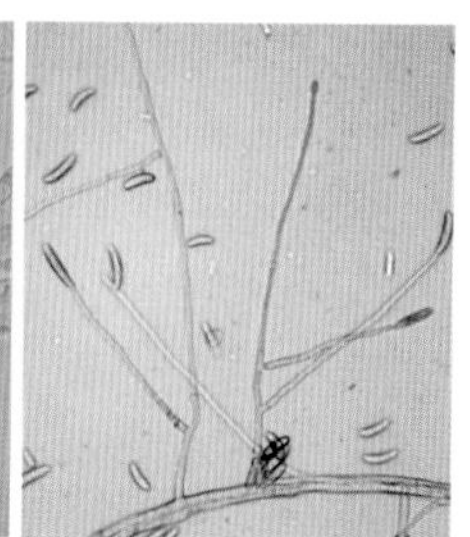
茄腐镰孢菌大型分生孢子及分生孢子梗形态

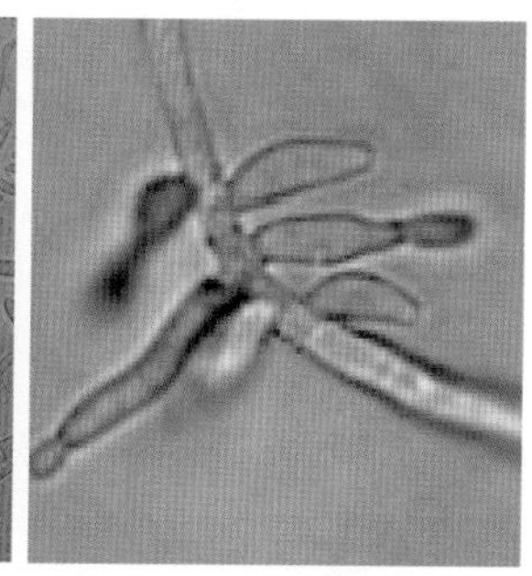
尖孢镰孢菌大型分生孢子及分生孢子梗形态

［**发病规律**］病菌主要以分生孢子、厚垣孢子随病残体在土壤中越冬，并成为病害主要初侵染源。带菌的种仁、荚果及混有病残体的土杂肥也可成为病害的初侵染源。病菌主要借流水、施肥或农事操作而传播，从寄主伤口或表皮直接侵入，在维管束内繁殖蔓延，导致植株发病。通常该病在连作地、地势低洼、土层浅薄等条件下发病严重，同时持续低温阴雨、大雨骤晴或少雨干旱的不良天气条件下发病也较重。

［**防治技术**］应采取耕作栽培防病为主、药剂防治为辅的综合防治措施。

（1）选择土壤与土壤有害生物处理　选择地势高燥、排水良好的沙壤土栽种，耕作避免伤根；加强对地下害虫及线虫的防治。

（2）选种与种子处理　做好种子的收、选、晒、藏等项工作；播前翻晒种子，剔除变色、霉烂、破损的种子，并用2.5%咯菌腈悬浮种衣剂10 ～ 20毫升+0.136%赤·吲乙·芸苔可湿性粉剂（碧护）1克，对水100 ～ 150毫升拌种10 ～ 15千克，减少种子带菌率，有效预防土传病害促进种子萌发和根系生长。

（3）合理轮作　因地制宜确定轮作方式、作物和轮作年限。

(4) 发病初期及时药剂防治　齐苗后加强检查，发现病株随即采用喷雾或淋灌施药封锁中心病株。可选用96%恶霉灵3 000倍液、50%多菌灵可湿性粉剂600～800倍液、70%甲基硫菌灵可湿性粉剂600～800倍液，隔7～15天喷洒一次，连喷2次，交替施用，并配合喷施新高脂膜增强药效。

花生紫纹羽病

花生紫纹羽病于1936年在辽宁省首次报道，目前在辽宁、安徽、湖北和江苏等省份零星发生，对花生产量影响不大。

[**病害症状**] 花生茎基部或根部覆盖一层紫褐色菌丝层，像菌毯。菌丝缠绕的花生茎根变褐、腐烂枯死，花生地上部生长不良，叶片逐渐变黄枯死，后导致全株枯死。早期染病荚果易变褐腐烂，不结果仁。病果被紫褐色菌丝层覆盖，后期感病荚果果仁变黑褐色腐烂。

花生紫纹羽病的菌核形态

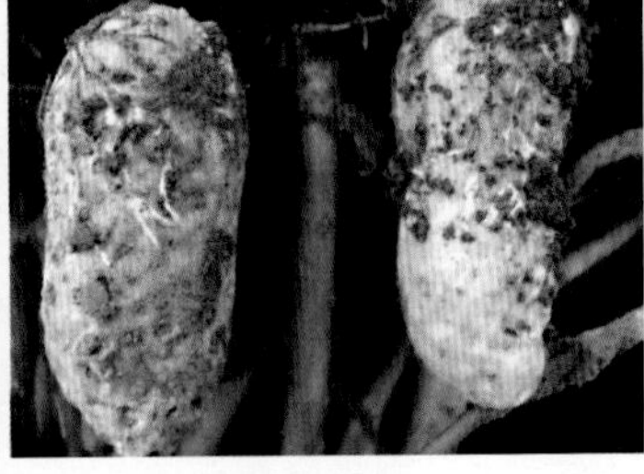

花生紫纹羽病荚果典型症状

花生紫纹羽病荚果、果仁症状

[**病原**] 花生紫纹羽病病原菌为*Helicobasidium mompa* Tanaka，属担子菌亚门木耳目卷担菌属真菌。病菌菌丝在病根、果外纠结成菌丝膜及根状菌索，紫褐或紫红色，后期形成菌核，直径1～2mm。担子无色，顶生担孢子。担孢子无色，单细胞，卵圆形，顶端圆形，基部略尖。紫纹羽病在我国分布广泛，据记载病原菌寄主有桑、苹果、茶、甘薯、花

生、大豆、萝卜、胡萝卜等50多种作物。

[发病规律] 花生紫纹羽病菌为一种土壤习居菌，以菌丝体、根状菌索或菌核依附于病根、病果或以菌核遗落于土中越冬，是来年的初侵染源。条件适宜时，由菌核或根状菌索上长出菌丝，侵入寄主根为害。病株地上部7月上、中旬出现症状，7月下旬至8月下旬为发病盛期。雨水、灌溉水能将病土中的菌体带入无病田中，遗落田间的病株残体及施用未经腐熟带有病残体的有机肥，均能传播病害。重茬地块发病重。

[防治技术]

（1）合理轮作　可与禾本科作物轮作，水、旱轮作防效较好。

（2）农业防治　加强田间栽培管理，增施有机肥料，及时排灌，促进花生健壮生长，提高抗病力，减轻危害；早期及时拔除病株。

（3）处理病土　土壤中施用石灰有一定防病效果。

花生腐霉菌根腐病

花生腐霉菌根腐病在我国花生种植区都有发生，症状常与立枯丝核菌引起的根腐混淆。

[病害症状] 花生整个生育期都能被腐霉菌侵害，在苗期可引起猝倒，中、后期又能引起萎蔫、荚腐及根腐。可因为害部位和时期分为猝倒、萎蔫和腐烂三种类型。

猝倒　花生出土时或出土之后大多数弱苗或受伤苗容易感染此病。幼苗的胚轴、茎基部初期出现水渍状长条病斑，病部稍下陷，逐渐扩大环绕整个胚轴或茎后，变为褐色水渍状软腐，最后造成幼苗迅速萎蔫倒伏，表面布满白色菌丝体。

萎蔫　这种症状一般仅发生于个别分枝上，全株性萎蔫的不多。病枝上的叶片很快褪色，从边缘开始坏死，迅速向内延伸，扩展到叶片全部，终至整个复叶干枯皱缩。纵向剖开茎部可见维管束组织变为暗褐色。

腐烂　子房柄或幼果受侵后，呈淡褐色水渍状，2 ～ 4天内荚果可全部变黑腐烂。受害轻者荚果虽不腐烂，但其外壳较薄，容易被其他病原菌侵染。荚果或子房柄被害后也常引起根腐。被害植株生长迟滞，叶片淡绿而无光泽，在白天表现萎蔫而夜晚又恢复，往复几次就不再恢复而枯死。

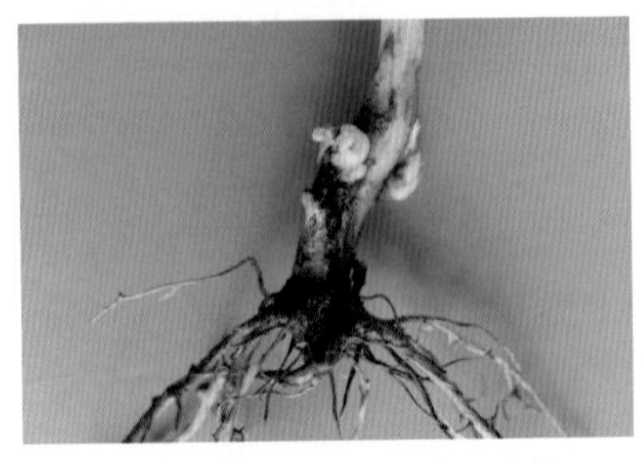

花生腐霉菌根腐病根部典型症状

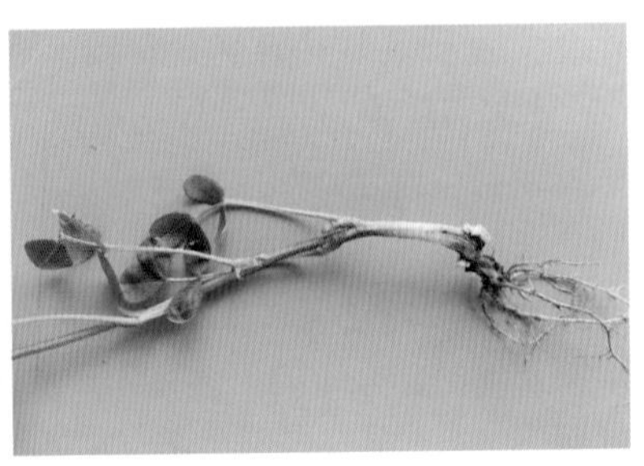

花生腐霉菌根腐病的全株典型症状

花生腐霉菌根腐病叶部典型症状

[**病原**] 为害花生的腐霉菌有*Pythium myriotylum*、*P. ultimun*和*P. clebarynum*等。其中以*P. myriotylum*最为普遍，能引起上述各种症状，而且普遍分布于温暖地带。*P. ultimun*分布亦较普遍，多为害幼苗引起猝倒，腐霉属真菌的寄主植物很多，在寄主病残体上能形成游动孢子囊及卵孢子。游动孢子囊从不分化的菌丝上产生内生双边毛肾形的游动孢子。

[**发病规律**] 花生腐霉菌根腐病在闷热天气和很高的土壤湿度下发生最多。其发病适温为32 ~ 39℃。在温暖而含有自由水的土壤中，*P. myritylum*能产生大量的游动孢子。游动孢子的活动范围有限，但它能随流水传播到远处。卵孢子和菌丝很容易在病组织或其周围的土壤中越冬，并可随流水、农具以及牲畜等传播。腐霉菌的无性世代很短，但在适宜的环境条件下可以大量繁殖。

[**防治技术**]

(1) 选地种植　应选择地势高燥的沙质土或沙壤土种植花生。

(2) 农业防治　多雨地区应采用高垄种植，雨后排水，及时松土。灌溉应及时，尽量减少灌溉次数。

(3) 土壤处理　常发区和重病区，在花生成熟期每公顷施用石膏150 ~ 300千克，直接撒施于结果部位的地面上。一方面能直接抑制病原菌发育及扩展，另一方面还能增加果壳内的钙质，提高抗病性。

(4) 药剂拌种　可用2.5%咯菌腈(适乐时)悬浮种衣剂10～20毫升+0.136%赤·吲乙·芸苔可湿性粉剂(碧护)1克,对水100～150毫升拌种10～15千克,减少种子带菌率,有效预防土传病害,促进种子萌发和根系生长。

花生炭疽病

花生炭疽病在我国花生产区均有发生,对产量影响不大。美国、印度、阿根廷、塞内加尔和乌干达等国均有报道。

[病害症状] 花生炭疽病主要为害花生叶片,也可为害叶柄和茎秆。一般下部叶片发病较多,先从叶缘或叶尖发生,病斑沿主脉扩展,褐色或暗褐色,从叶尖侵入的病斑沿主脉扩展呈楔形、长椭圆或不规则形;从叶缘侵入的病斑呈半圆形或长半圆形,病斑褐色或暗褐色边缘黄褐色,有不明显轮纹,病斑上着生许多不明显小黑点。

[病原] 花生炭疽病菌为*Colletotrichum truncatum* (Schw.) Andr. et Moore和*C. arachidis* Sawada,属半知菌亚门黑盘孢目炭疽菌属真菌。病斑上密生的小黑点为病菌的分生孢子盘。分生孢子盘半球形,刚毛混生在其中,有或无隔膜。分生孢子无色,透明,单胞,新月形,两端略尖。

花生炭疽病菌培养形态

[发病规律] 病菌以菌丝体和分生孢子盘随病残体在土壤中越冬,或以分生孢子附着于荚果或种子上越冬。土壤中的病残体,带菌荚果和种子为翌年病害的初侵染源。翌年温、湿度条件合适时产生分生孢子,通过风雨传播,从寄主伤口或气孔侵入致病。温暖高湿有利于发病;连作地或偏施氮肥、植株长势过旺的地块往往发病较重。

[防治技术]

(1) 降低菌源基数　花生收获后及时清除田间病残体,可结合深翻掩埋病残体,降低田间菌源基数,减少来年发病。

(2) 加强田间管理　合理密植,雨后及时排水,降低田间湿度;合理使用氮肥,增施磷、钾肥,提高植株抗性。

(3) 药剂防治　发病初期，结合防治其他叶斑病及早喷药预防控制。可选用25%溴菌腈可湿性粉剂600倍液、25%咪鲜胺乳油1 000倍液、50%咪鲜胺锰盐可湿性粉剂1 000倍液喷雾，连喷2～3次，隔7～15天喷一次，交替使用。

花生黄萎病

花生黄萎病在美国、阿根廷及澳大利亚等国家均有报道。特别是在澳大利亚花生黄萎病发生相当普遍，且危害严重，花生受害后常常减产14%～64%。在我国的河南、山东等省有报道。

[**病害症状**] 花生黄萎病一般在开花期显症。病株下部叶片淡绿无光或黄化变色。随着病害发展，植株上许多叶片枯萎变褐脱落，生长停滞，叶片稀疏而结果少。根部、茎部和叶柄的维管束变褐至黑色。病荚果变褐腐烂，表面散生一片片白色粉末。

花生黄萎病叶部（左）和茎部症状
（引自J. E. Woodward）

[**病原**] 花生黄萎病病原为黄萎轮枝孢（*Verticillium albo-atrum* Reinke et Berthold）和大丽花轮枝孢（*V. dahliae* Kleb.），属半知菌亚门、丝孢目、轮枝孢属真菌。病菌分生孢子梗纤细，多分枝，分枝呈轮状，2～4层，每轮有3～4根小枝，每个小枝上单生或聚生分生孢子。分生孢子无色，单胞，卵圆形或椭圆形，单生或聚积成团。病菌生长适宜温度为22.5℃。花生黄萎病菌寄主范围广，可为害30～40科数百种植物，包括棉花、马铃薯、番茄、烟草、黄麻、大豆和甜菜等。

[**发病规律**] 花生轮枝菌是一种腐生性较强的真菌，在没有寄主植物的情况下在土壤中可存活多年。0～30厘米土层中的发病率比其深层高3～4倍。肥沃土壤较瘠薄土壤发病重。过多施用氮肥有利于病害发生。

[**防治技术**]

(1) 合理轮作　花生可与禾谷类作物轮作，忌与棉花、马铃薯、番茄等茄科及瓜类作物连茬。

(2) 农业防治　清除田间病残体；收获后深耕，将病残落叶埋入地下；合理施肥，增施磷、钾肥，适量施用氮肥。

黄曲霉侵染和毒素污染

黄曲霉侵染和毒素污染花生在世界范围均有发生，热带和亚热带地区花生受害严重。在我国主要发生在南方产区，以广东、广西、福建较为严重。黄曲霉菌是一种弱寄生菌，在花生生长后期能够侵染花生荚果、种子，引起种子储藏期霉变，播种后种子腐烂、缺苗，影响幼苗生长，同时所产生的代谢产物黄曲霉毒素对人和动物有很强的致癌作用，现已受到人们的高度重视。

[病害症状] 受病菌感染的种子播下后，长出的胚根和胚轴受病菌侵染易腐烂，造成烂种、缺苗。花生出苗后，黄曲霉病菌最初在之前受感染的子叶上出现红褐色边缘的坏死病斑，上面着生大量黄色或黄绿色分生孢子。当病菌产生黄曲霉毒素时，病株生长严重受阻，叶片呈淡绿色，植株矮小。

花生收获前受到土壤中病菌感染，菌丝通常在种皮内生长，形成白色至灰色霉变。荚果和种仁感染部位长出黄绿色分生孢子。收获后，条件适宜时，病菌在储藏的荚果、种仁中迅速蔓延。严重时，整个种仁布满黄绿色分生孢子，同时产生大量黄曲霉毒素。

[病原] 病原菌为黄曲霉菌（*Aspergillus flavus*），属半知菌亚门发菌科黄曲霉属真菌。病菌菌丝无色，有分隔和分枝。病菌产生大量直立、无分枝、无色、透明的分生孢子梗，长300～700微米。分生孢子椭圆形、单胞、黄绿色、带刺，直径3～6微米。

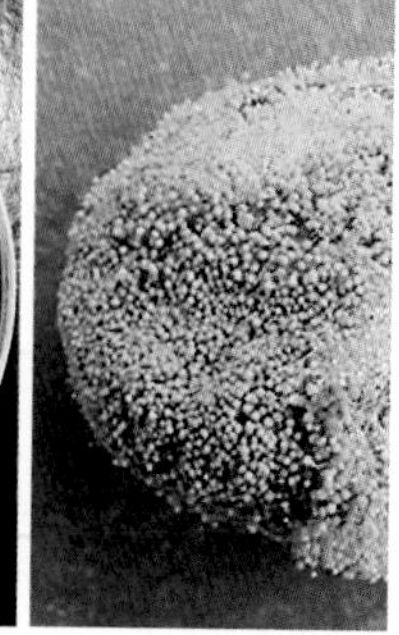

花生黄曲霉典型症状
(左：张慧丽提供，右：引自David G. Schmale)

[发病规律] 黄曲霉菌是土壤中的腐生习居菌，广泛存在于许多类型土壤及农作物残体中。收获前黄曲霉感染源来自于土壤。在收获后储藏和加工过程中，花生也可受黄

曲霉菌侵染，引起种子变霉，加重黄曲霉毒素污染。

花生生育后期遇干旱和高温是影响黄曲霉侵染的重要因素。研究表明，花生种子含水量降到30%时，容易感染黄曲霉。黄曲霉侵染的土壤起始温度为25 ～ 27℃，最适温度为28 ～ 30℃。地下害虫为害造成荚果破损有利于黄曲霉的侵染。

[防治技术]

（1）合理灌溉　改善花生地灌溉条件，特别是在花生生育后期和花生荚果期保障水分的供给，可避免收获前因干旱所造成的黄曲霉感染。

（2）防止伤果　盛花期中耕培土不要伤及幼小荚果。尽量避免结荚期和荚果充实期中耕，以免损伤荚果。适时防治地下害虫和病害，把病虫害对荚果的损伤降到最低程度。

花生条纹病毒病

由花生条纹病毒（*Peanut stripe virus*，PStV）引起的花生条纹病毒病又称花生轻斑驳病毒病。广泛分布于包括中国、印度尼西亚、马来西亚、日本、泰国和越南等东亚和东南亚花生生产国，在我国广泛分布于北方花生生产区，一般发病率在50%以上，不少地块达到100%，在南方和多数长江流域花生产区仅零星发生。PStV在中国占优势的是轻斑驳株系，早期感病可造成20%左右花生产量损失。

[病害症状] 田间出苗后10 ～ 15天内开始出现症状，叶片表现斑驳、轻斑驳和条纹，长势较健株弱，较矮小，全株叶片均表现症状。蚜虫传毒感染的花生病株，先在顶端嫩叶上出现褪绿斑块，后发展成深浅相间的轻斑驳，沿叶脉形成断续的绿色条纹或一直呈系统性的斑驳症状，发病早的植株矮化。该症状与花生斑驳病症状相似，有时两种或三种病毒复合侵染，产生以花叶为主的复合症状。

花生条纹病毒病典型症状

[病原] 该病害病原是花生条纹病毒（*Peanut strip virus*，PStV），属马铃薯Y病毒科（*Potyviridae*）马铃薯Y病毒属（*Potyvirus*）。病毒粒

体线状，病组织细胞质内具风轮状内含体。病毒蛋白质亚基分子量为33 500道尔顿，克里夫兰烟可作为繁殖寄主。钝化温度为55 ～ 60℃，体外保毒期4 ～ 5天，稀释限点为10^{-3} ～ 10^{-4}倍。该病毒主要侵染豆科植物，除侵染花生外，在自然条件下还能侵染大豆、芝麻、长豇豆、扁豆、鸭跖草和白羽扇豆等植物。

［**发病规律**］花生条纹病毒通过花生种子和蚜虫以非持久性方式传播。花生种子子叶和胚均带毒，种皮通常不带毒。花生种传率较高，达0.5%～ 5%，种传率受品种、病害感染早晚等因素影响。花生条纹病毒通过带毒花生种子越冬，种传花生病苗是主要初侵染源，芝麻、鸭跖草也是初侵染源之一。病毒再通过豆蚜（*Aphis craccivora*）、桃蚜（*Myzus percicae*）、大豆蚜（*A. glycines*）、洋槐蚜（*A. robiniae*）、棉蚜（*A. gossypii*）等蚜虫以持久性传毒方式在田间传播，且传毒效率较高。该病发生程度与气候及蚜虫发生量呈正相关。花生出苗后20天内的雨量是影响传毒蚜虫发生量和该病流行的主要因子。

［**防治技术**］

（1）选种抗病毒病品种　如道花28、花37、鲁花9号、鲁花14、豫花1号、海花1号、山花2000、徐系1号、徐花3号、徐州68-4、冀油2号、89-6花生、大花生H、花-3等。

（2）选用无病毒花生种子　从无病区调种，也可建立无病留种田或距病田100～400米建立隔离地带，繁殖后用于大面积生产，基本上可以控制花生条纹毒病和黄花叶病。用轻病田留的种子也可减少发病。

（3）种子处理　使用脱毒剂1号或脱毒剂2号处理种子，或用种子重0.5%的35%种衣剂4号拌种。

（4）农业防治　花生与小麦、玉米、高粱等作物间作或及时清除田间和周围的杂草，可减少蚜虫来源，并应及时防治蚜虫。

（5）铺银灰膜驱蚜　提倡覆盖地膜或播种后行间铺银灰膜，也可在花生出苗后平铺长80厘米、宽10厘米银灰膜条，高出地面30厘米驱蚜效果好。

（6）药剂防治　及时防治蚜虫并喷施病毒钝化剂。6月上旬当田间有蚜株率达20%～ 30%，每株有蚜虫10 ～ 20头时可进行蚜虫的防治，一般选用以下药剂：10%吡虫啉可湿性粉剂1 500倍液、25%噻虫嗪水分散粒剂5 000倍液、3%啶虫脒乳油1 500倍液等，喷雾处理，视虫情喷2～3次，间隔7～10天。发现病毒病症状后及时喷施8%宁南霉素水剂1 000倍液、20%盐酸吗啉胍可湿性粉剂500倍液。

花生黄花叶病毒病

花生黄花叶病毒病又称花生花叶病毒病。1939年报道了江苏和山东的花生病毒病，对花叶病毒病的症状作了描述。20世纪50年代，对北京花生花叶病病原病毒做了初步鉴定。该病主要在河北、辽宁和山东等沿渤海湾花生产区流行为害，属多发性流行病害。流行年份发病率可达90%以上。

[**病害症状**] 我国发生的CMV-CA株系通常引起花生典型黄绿相间的黄花叶症状。花生出苗后即见发病。初在顶端嫩叶上现褪绿黄斑，叶片卷曲，后发展为黄绿相间的黄花叶、网状明脉和绿色条纹等症状。通常叶片不变形，病株重度矮化。病株结荚数减少，荚果变小。病害发生后期有隐症趋势。

花生黄花叶病毒病典型症状

[**病原**] 该病害的病原是黄瓜花叶病毒（*Cucumber mosaic virus*，CMV），属雀麦花叶病毒科（*Bromoviridae*）黄瓜花叶病毒属（*Cucumovirus*），CMV是经济上重要的病毒，遍布世界各地，为害葫芦科、茄科、豆科、十字花科等多数作物、蔬菜和花卉等，造成重要经济损失。CMV存在众多株系，但大多数不侵染花生，侵染花生的CMV株系在我国首次发现，定名为中国花生（China Arachis，CA）株系，简称CMV-CA。CMV-CA粒体为球状。体外钝化温度55～60℃，体外保毒期6～7天，稀释限点10^{-2}～10^{-3}倍。CMV-CA有广泛寄主，在人工接种条件下，能侵染6科32种植物。与多数CMV株系不同，CMV-CA对豆科植物致病力强。

[**发病规律**] 病毒通过带毒花生种子越冬，成为第二年病害主要初侵染源。田间调查表明，种传率为0.5%～4%。种传率高低与花生品种、病毒侵染时期和地块发病程度相关。此外，菜豆等寄主也可成为该病初侵染源。种传病苗出土后即表现症状，田间靠蚜虫传播扩散。病害发生

的主要原因有以下几方面：①种子带毒，CMV-CA种传率较高。种传率的高低直接影响病害流行程度。田间病毒种传率高，病害发生早、扩散快，损失严重。②蚜虫的发生与活动，豆蚜、大豆蚜、桃蚜和棉蚜具有较高传毒效率，花生地蚜虫发生早、发生量大，病害流行严重；反之，发生则轻。③气候条件，花生苗期降雨量、温度与这一时期蚜虫发生、病害流行密切相关。花生苗期降雨量少、温度高的年份，蚜虫发生量大，病害严重流行；雨量多、温度偏低年份，蚜虫发生少，病害偏轻。

［**防治技术**］

（1）加强检疫　CMV-CA种传率高，易通过种质资源交换和种子调运而扩散，有必要将CMV-CA列入国内植物检疫对象，加强检疫，禁止从病区向外调运种子。

（2）农业防治　从无病区调种，选种无病种子。选择轻病地留种也可以减少毒源，减轻病害；CMV种传病苗在田间出现早，易识别，而此时的蚜虫发生较少，及时拔除可显著减少毒源，以减少田间再侵染，减轻病害；地膜覆盖是一项花生增产的栽培模式，同时又能驱蚜，减轻病害发生。北京密云县调查，覆膜花生黄花叶病发病率平均为57%，病情指数32.5，而露地栽培花生发病率平均为95%，病情指数85。

（3）药剂防治　参见花生条纹病毒病。

花生矮化病毒病

由花生矮化病毒（*Peanut stunt virus*，PSV）引起的花生矮化病毒病，又称花生普通花叶病毒病，我国发生的PSV株系只引起普通花叶症状，不引起严重矮化。该病属世界性病害，于20世纪60年代在美国弗吉尼亚等州花生上流行，在法国、西班牙、德国、匈牙利、波兰、日本、韩国、中国等国家均有报道。1985年PSV在中国首次报道，但其引起的花生病害从20世纪70年代以来在我国北方花生产区流行。

［**病害症状**］花生植株矮化、叶面出现斑驳是花生矮化病毒病的症状。但由于PSV存在株系变异，不同株系引起的症状变化较大，我国发生普遍的是毒力较低的PSV-Mi株系。PSV-Mi侵染后，花生病株开始在顶端嫩叶上出现脉淡或褪绿斑，随后发展成浅绿与绿色相间的普通花叶症状，沿侧脉出现辐射状小绿色条纹和斑点；叶片变窄，叶缘

花生矮化病毒病典型症状及叶片卷曲

波状扭曲，病株中度矮化。我国也存在PSV强毒力株系，引起病株矮小，长期萎缩不长，节间短，植株高度常为健株的1/3 ~ 2/3，单叶片变小而肥厚，叶色浓绿，结果少而小，似大豆粒，有的果壳开裂，露出紫红色的小籽仁，须根和根瘤明显稀少。

[病原] 病原为花生矮化病毒（*Peanut stunt virus*，PSV），属雀麦花叶病毒科（*Bromoviridae*），黄瓜花叶病毒属（*Cucumovirus*）。病毒质粒为圆球形，直径30纳米。病毒致死温度为55 ~ 60℃，存活期3 ~ 4天，稀释限点10^{-2} ~ 10^{-3}倍。除花生外，PSV寄主植物包括菜豆、大豆、豌豆、芹菜、普通烟、苜蓿、红三叶草、白三叶草、羽扇豆、刺槐、地中海三叶草等。PSV存在明显株系分化现象。

[发病规律] PSV被多种蚜虫以非持久性方式传播，包括豆蚜、桃蚜和绣线菊蚜（*Aphis spiraccola*），但棉蚜不传，也可通过花生种传，但种传率很低，通常在0.1%以下。影响病害流行的重要原因主要有以下几方面：①刺槐数量与病害流行区域相关。在中国刺槐是花生矮化病毒病的主要毒源，流行区域均栽有一定数量的刺槐。②花生矮化病毒病主要是通过蚜虫传播，蚜虫数量的多少和病害流行区域相关。③气候条件通过影响蚜虫的发生与活动，从而影响病害流行。降雨量的多少影响蚜虫的发生与活动，降雨量大，蚜虫发生少，病害轻；降雨量小，蚜虫发生多，病害重。

[防治技术]

（1）种衣剂防治　用60%吡虫啉（高巧）悬浮种衣剂60毫升＋400克/升卫福（萎秀灵＋福美双）120毫升，对水350毫升，拌种37.5 ~ 40千克，晾干后播种，可有效防除中前期蚜虫，并可兼治地下害虫和苗期害虫。

（2）杜绝或减少病害初侵染源　精选饱满的籽仁作种，严格剔除病劣、粒小和变色的籽仁，花生种植区域内除去刺槐花叶病毒树或与刺槐相隔离，以减少田间毒源。

（3）选用抗病品种　花28、花37等有较高的抗病性，可因地制宜选用。白沙1016感病重，在重病区应逐步淘汰。

(4) 苗期防治　花生出苗后要及时检查，6月上旬当田间有蚜株率达20%～30%，每株有蚜虫10～20头时进行防治，可选用10%吡虫啉可湿性粉剂1 500倍液、25%噻虫嗪水分散粒剂5 000倍液、3%啶虫脒乳油1 500倍液等药剂喷雾处理，视虫情喷2～3次，间隔7～10天。发现病毒病症状后可及时喷施8%宁南霉素水剂1 000倍液，或20%盐酸吗啉胍可湿性粉剂500倍液。

(5) 地膜覆盖　试验表明，覆膜小区苗期蚜虫量是露天小区的1/10，并且病害减轻。

花生根结线虫病

花生根结线虫病又称花生地黄病，是一种具有毁灭性的花生病害。我国山东、河北、辽宁、河南、广东、广西、四川等省份均有发生。发病程度以北方花生产区最重，其中以山东、河北、辽宁3省发病严重，受害花生一般减产20%～30%，重者达到70%～80%，局部产区甚至绝收。

[**病害症状**] 花生根结线虫对花生的地下部分（根、荚果、果柄）均能侵入为害，主要侵害根系，影响水分与养分的正常吸收运转，导致叶片黄化、瘦小、叶缘焦灼，甚至盛花期植株萎缩、发黄；病株根系形成大量根结，要特别注意根结与根瘤的区别。根结串生呈不规则状，表面粗糙，并有许多小毛根，剖视可见乳白色沙粒状雌虫；根瘤侧生，圆形或椭圆形，表面光滑，不长小毛根，剖视可见肉红色或绿色根瘤菌液。

[**病原**] 危害我国花生的根结线虫有2个种，即北方根结线虫与花生根结线虫。北方根结线虫主要分布在北方花生产区，花生根结线虫主要分布在南方花生产区。北方根结线虫（*Meloidoryne hapla* Chitwood）雌成虫梨形或袋状，乳白色；

花生根结线虫病田间为害状及花生根结线虫雌虫形态（段玉玺提供）

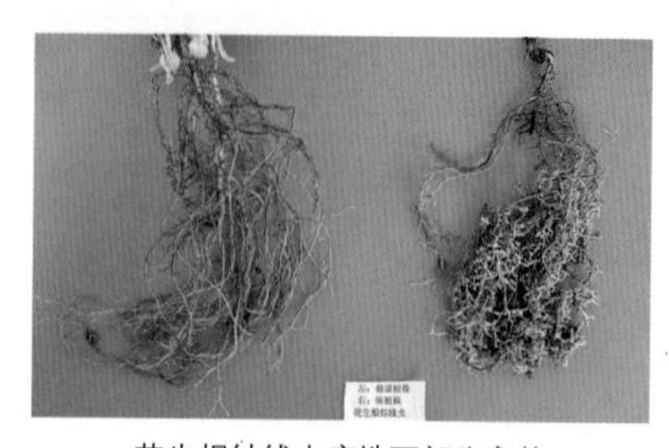

花生根结线虫病地下部为害状

（段玉玺提供）

雄成虫蠕虫形，口针粗壮，口针基部球圆形，无侧唇，头感器长裂缝状。花生根结线虫〔*Meloidogyme arenaria* Chitwood (Neal)〕雌成虫梨形，乳白色，口针基部球略向后倾斜。雄成虫蠕虫形，头区低平，唇盘与中唇融合，无侧唇。花生根结线虫与北方根结线虫的主要区别是：花生根结线虫雌虫阴门近尾尖处无刻点，近侧线处有不规则的横纹，雄虫体较长；北方根结线虫雌虫阴门近尾尖处常有刻点，近侧线处没有横纹。

[**发病规律**] 花生根结线虫以卵、幼虫在土壤中越冬，包括土壤和粪肥中的病残根上的虫瘿以及田间寄主植物根部的线虫。因此，病土、带有病残体的粪肥和田间寄主植物是花生根结线虫的主要侵染来源。田间传播主要通过病残体、病土、带线虫肥料及其他寄主根部的线虫经农事操作和流水传播。根结线虫在卵内蜕第一次皮，成为二龄幼虫侵染花生根部。幼虫在土温12 ~ 34℃均能侵入根系，最适温度是20 ~ 26℃，4 ~ 5天即能侵入，土壤含水量70%左右最适宜根结线虫侵入。花生根结线虫病多发生在沙土地和质地疏松的土壤，尤其是丘陵地区的薄沙地、沿河两岸的沙滩地发病严重。

[**防治技术**]

（1）农业措施　北方花生产区实行花生与玉米、小麦、大麦、谷子、高粱等禾本科作物或甘薯实行2 ~ 3年轮作，能大大减轻土壤内线虫的虫口密度，轮作年限越长，效果越明显；深翻改土，通过营造良好的生长条件，增强花生抗病力，减轻病害，特别是增施鸡粪。

（2）抗病品种　选育和应用抗性品种是防治花生根结线虫病的重要途径。鲁花9号和79-266对花生根结线虫具有高抗性。

（3）生物防治　国外应用淡紫拟青霉菌（*Paecilomyces lilacinus*）和厚垣孢子轮枝菌（*Verticillium chlaamydosporiun*）进行生物防治能明显降低线虫群体数量和消解其卵，播种前施入淡紫拟青霉（5亿活芽孢/克颗粒剂），每亩用量为3 000克。根际细菌如*Pseudomonas* spp.和*Agrobacterium* spp.属的一些种能抑制卵的孵化和二龄幼虫的生长。

（4）化学防治　播种时每亩用10%克线丹颗粒剂3 000克或20%灭线磷颗粒剂1 500 ~ 1 750克，或3%克百威颗粒剂5 000克沟施；或10%噻唑膦颗粒剂移栽前处理15 ~ 20厘米土层，先施药后播种，随施随种；发病初期，用1.8%阿维菌素3 000倍液淋根。

花生喷施药害

[**症状**] 药害是指用药后使作物生长不正常或出现生理障碍，主要包括花生生长发育过程中由于使用除草剂、生长调节剂、杀菌剂和杀虫剂等剂量不当或喷洒器具不清洁等原因而出现的对花生的伤害。不同的药剂和同一药剂不同用量所造成伤害表现症状不完全相同。一般表现为：①斑点：这种药害主要表现在叶上，有黄斑、褐斑、枯斑等。②黄化：黄化的原因是农药阻碍了叶绿素合成，或阻断叶绿素的光合作用，或破坏叶绿素。③枯萎：这种药害一般全株表现症状，主要是除草剂药害。④生长停滞：生长抑制剂、除草剂施用不当出现药害。药害有急性和慢性两种。前者在喷药后几小时至三四天出现明显

花生药害黑色病斑症状

花生药害黄色病斑症状

花生药害白色斑点症状

花生药害褐色病斑症状

症状，如烧伤、凋萎、落叶、落花、落果；后者是在喷药后经过较长时间才发生明显反应，如生长不良、叶片畸形、晚熟等。

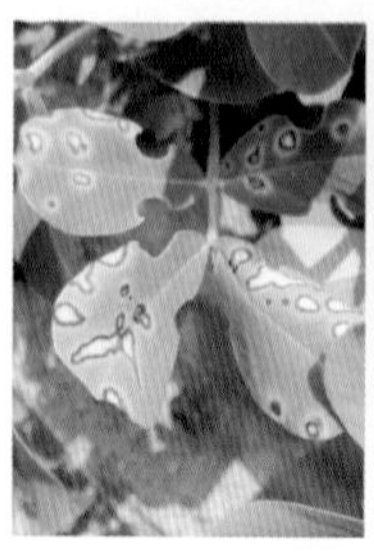

花生药害焦枯病斑症状

花生药害叶缘枯萎症状

种衣剂药害

近年来，东北花生产区为了防治地下害虫普遍使用种衣剂。在应用过程中，由于种衣剂选择和应用不当，以及低温天气等造成花生种子发芽出苗等药害问题。例如：花生幼根腐烂、子叶腐烂干枯等。

花生药害的解除方法：发生药害后及时喷施0.136%赤·吲乙·芸苔可湿性粉剂（碧护）5 000倍液可有效缓解药害。

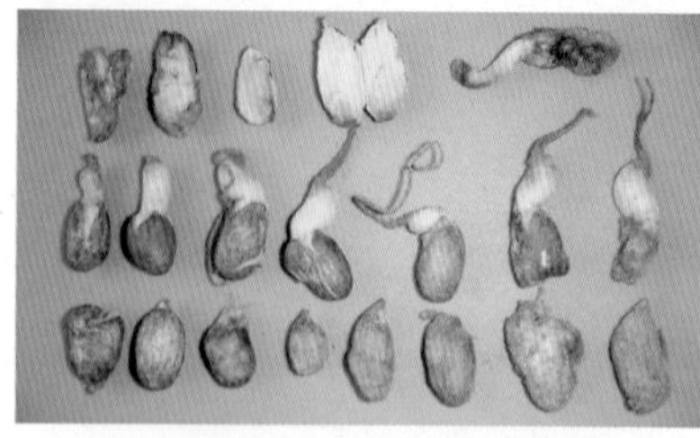

花生种衣剂种子受害症状

花生种衣剂幼根受害症状

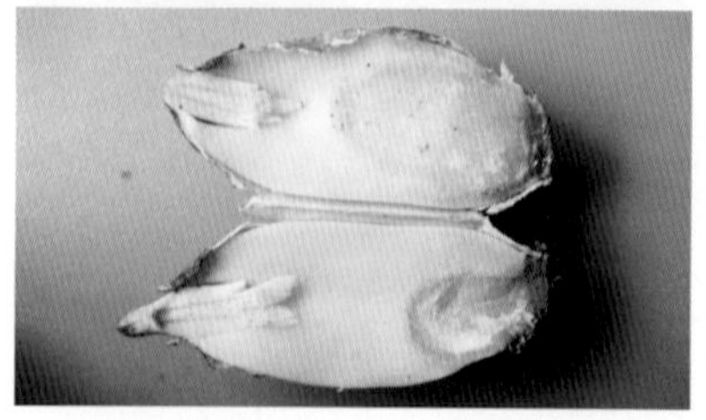

花生种衣剂种子内受害症状

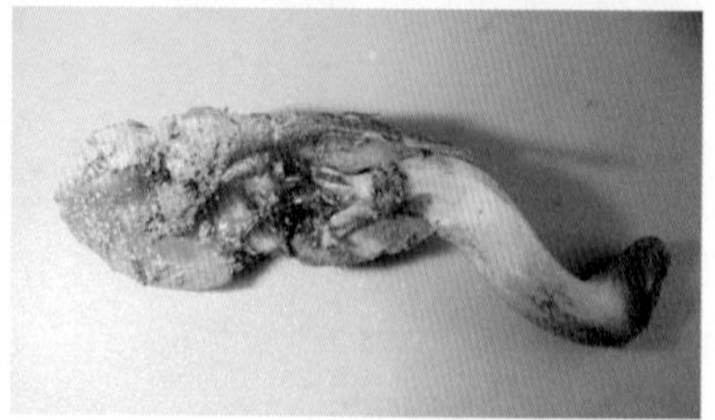

花生种衣剂子叶受害症状

二、花生虫害

花生害虫种类繁多，发生广泛。当前在我国北方（辽宁）花生田的地下害虫发生普遍，为害较重的主要有蛴螬、金针虫、地老虎、蝼蛄等，其中蛴螬类的为害日趋严重，从苗期到荚果期均能形成为害。花生苗期害虫主要有黑绒金龟、蒙古土象、沙潜等。直接啃食花生叶片的害虫主要是各类鳞翅目幼虫、蝗虫等。吸食汁液的害虫有蚜虫、叶螨、蝽类等，其中花生蚜普遍存在于各花生主产区，是为害花生的重要害虫之一。

东 方 蝼 蛄

东方蝼蛄（*Gryllotalpa orientalis* Burmeister）属直翅目蝼蛄科。曾误称非洲蝼蛄（*Gryllotalpa africana* Palisot et Beauvois）。俗称：拉拉蛄、地拉蛄、土狗子等。

[分布与为害] 全国各地均有分布，过去仅在南方发生严重，目前在北方亦成为优势种，在低湿和较黏的土壤中发生较多。

成虫、若虫均为害，食性杂，几乎可为害所有的旱田作物，尤以花生、棉花、林果幼苗、西（甜）瓜、玉米、高粱、麦类、蔬菜等受害重。成虫、若虫均可咬食花生种子和幼苗，特别喜食刚萌发的种子，咬食幼根和嫩茎，受害株的根部呈乱麻状或丝状。

[形态特征] 成虫体长30 ~ 35毫米，浅茶褐色，密生细毛。头小，圆锥形，复眼红褐色，单眼3个，触角丝状。前胸背板卵圆形，中央具1个明显凹陷的长心脏形坑斑。前翅鳞片状，只盖住腹部的一半，后翅折叠如尾状，大大超过腹部末端。前足特化为开掘足，后足胫节背侧内缘有棘3 ~ 4根。腹部末端近纺锤形，尾须细长。卵长

2.8 ~ 4.0毫米，宽1.5 ~ 2.3毫米，椭圆形，黄褐色至暗紫色。若虫分7 ~ 8龄，少数6龄或9龄、10龄，初孵时乳白色后至黄色。

东方蝼蛄成虫

东方蝼蛄若虫

（张治良提供）

东方蝼蛄活动形成的隧道

（张治良提供）

[发生规律] 在我国北方两年完成1代，以若虫、成虫越冬。4 ~ 5月是春季为害期，当春天气温稳定在10℃以上时，蝼蛄上升至耕层10厘米左右，此时地面可见拱起一小堆新鲜虚土，随后形成弯曲隧道；8 ~ 10月是秋季为害期。该虫昼伏夜出，每天21 ~ 23时为活动取食高峰。

根据东方蝼蛄在土中升降活动的规律，一年可分为越冬休眠（立冬至立春）、苏醒为害（立春至小满）、越夏繁殖为害（小满至立秋）和秋季暴食为害（立秋至立冬）四个时期。

主要习性有群集性、趋光性、趋化性、趋粪性和喜湿性。

(1) 群集性　初孵化的若虫有群集性，怕光、怕风、怕水。孵化后3 ~ 6天群集在一起，以后分散为害。

(2) 趋光性　具明显的趋光性。灯光下雌性多于雄性。

(3) 趋化性　具强烈的趋化性，对香、甜的物质有趋性，特别嗜食煮至半熟的谷子、棉籽及炒香的豆饼、麦麸等。

(4) 趋粪性　对马粪等有机质粪肥有趋性。所以，在马粪堆、粪坑及有机质丰富的地方蝼蛄较多。

(5) 喜湿性　喜欢栖息在河岸、灌渠旁、水浇地等低洼下湿处。

[防治技术] 当田间调查蝼蛄数量低于200头/亩时为轻发生，200 ~ 333头/亩时为中等发生，333头/亩以上为严重发生。故田间蝼

蛄数量达到200头/亩以上时应及时采取防治措施。改造土壤环境是防治蝼蛄的根本方法，改良土壤，把农业防治与化学防治相结合。

（1）农业防治　①实行春、秋翻地耕作制，特别是在早春翻耕、耙压和适时秋翻，可有效降低虫量。②合理施肥。施用的厩肥、堆肥等有机肥料要充分腐熟，施入较深的土壤内。

（2）化学防治　①闷种。用40%辛硫磷乳油125毫升，对水5升，拌种50千克，边喷药边拌匀，堆闷3～4小时后播种。②对蝼蛄数量达到200头/亩以上的地块，除闷种外，还应随播种补施毒饵。毒饵配制方法：用40%辛硫磷乳油1升对水3～4升拌炒成糊香的麦麸或豆饼渣100～200千克。每亩用毒饵20～30千克。

华 北 蝼 蛄

华北蝼蛄（*Gryllotalpa unispina* Saussure）属直翅目蝼蛄科。别名：单刺蝼蛄。

［分布与为害］ 分布于长江以北各地，北方各省受害较重。是旱地农作物主要害虫，在土质疏松的盐碱地、沙壤土地发生较多。为害同东方蝼蛄。

［形态特征］ 成虫体长36～55毫米，前胸宽7～11毫米，黄褐色或灰色，密被细毛。头小、狭长，复眼椭圆形，触角丝状。前胸背板盾形，中央具1个凹陷不明显的暗红色心脏形坑斑。前翅鳞片状，只盖住腹部1/3。前足特化为开掘足，后足胫节背侧内缘有1根棘或完全消失。腹部末端近圆筒形，尾须细长。卵长1.6～2.8毫米，宽0.9～1.7

华北蝼蛄成虫

华北蝼蛄若虫

（张治良提供）

华北蝼蛄活动形成的隧道
（张治良提供）

毫米，椭圆形，黄褐色至暗灰色。若虫分13龄，初孵时乳白色至黄褐色。

［发生规律］在我国北方3年完成1代，以8龄以上的若虫和成虫越冬。春天气温稳定在10℃时，蝼蛄上升至耕层10厘米左右，此时地面可见拱起1条约10厘米新鲜虚土隧道。初孵若虫较集中，后分散活动，至秋季达八至九龄即入土越冬；第二年春季，越冬若虫上升为害，到秋季达十二至十三龄时，又入土越冬；第三年春再上升为害，8月上、中旬开始羽化，入秋后以成虫越冬。该虫在一年中的活动规律和东方蝼蛄相似，亦可分为越冬休眠、苏醒为害、越夏繁殖为害和秋季暴食为害四个时期。

成虫虽有趋光性，但体形大飞翔力差，灯下诱集不如东方蝼蛄数量多。其他主要生活习性与东方蝼蛄相同。

［防治技术］同东方蝼蛄。

短 额 负 蝗

短额负蝗（*Atractomorpha sinensis* Bolivar）属直翅目锥头蝗科。

［分布与为害］短额负蝗分布比较广泛，在我国各花生产区均有发生。主要为害花生、棉花、大豆及其他豆类、甘薯、马铃薯、蔬菜等。

［形态特征］成虫体长：雌41 ～ 43毫米，雄26 ～ 31毫米，绿色或黄褐色。头部长锥形，短于前胸背板；颜面斜度与头顶成锐角。触角剑状。前翅翅端尖削，翅长超过后足腿节后端；后翅基部红色，端部淡绿色。后足腿节细长，外侧下缘常有一粉红线。卵长椭圆形，长3 ～ 4毫米，黄褐色，在卵囊内不规则的斜排成3 ～ 5行。若虫5龄，前胸向后方突出较大，翅芽达腹部第三节或稍过。

［发生规律］在我国东北一年发生1代，以卵在荒地或沟侧土中越冬；8月上、中旬可见大量成虫。成虫喜在植被多、湿度大的环境中栖息。

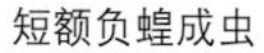

短额负蝗成虫

短额负蝗成虫交配状

[**防治技术**]

（1）农业防治　秋季耕翻，清除田间和田边杂草，消灭越冬虫卵。

（2）保护、利用青蛙、麻雀、寄生蝇等天敌。

（3）药剂防治　掌握在若虫（蝗蝻）三龄前，及时喷洒45%马拉硫磷乳油1 000倍液，或20%氰戊·马拉松（菊马）乳油1 500倍液。

疣　　蝗

疣蝗[*Trilophidia annulata*（Thunberg）]属直翅目斑翅蝗科。

[**分布与为害**] 疣蝗分布比较广泛，在全国各地均有分布。喜食禾本科杂草，主要为害作物为花生、粟、大豆、蔬菜等。

[**形态特征**] 成虫体长：雄11.7 ~ 16.2毫米，雌15 ~ 26毫米。前翅长：雄12 ~ 18毫米，雌15 ~ 25毫米。体黄褐色、暗褐色或暗灰色，常与环境色相一致。在后头两复眼之间具2个小圆粒状突起。触角丝状，超过前胸背板后缘。前胸背板中隆线高，被两条横沟深切；侧面具3对瘤突，第一对大而突出；前翅顶圆，具暗横斑或斑点；后翅基部黄绿透明，余为烟色。后足腿节上侧具3暗色横斑，内侧黑色，端

疣蝗成虫

部具2淡色斑，胫节暗褐色，中部具2淡色环。

[**发生规律**] 一年发生1～2代，以卵在土中越冬。疣蝗有多次交配和多次产卵习性。成虫喜在阳光充足、背风向阳、土壤板结、湿度适中的田埂、路旁、沟坡等地产卵。成虫除取食外，常在裸露地面栖息活动。疣蝗适应性较强，能在多种环境中生存，其中以土壤潮湿、地势低洼、植被稀疏及菜园、道边等处发生较多。

[**防治技术**]

（1）改造疣蝗发生地的环境条件，清除田埂、地头、荒坡草滩的丛生杂草，植树造林，改良低洼、盐碱地，恶化其生存条件。

（2）药剂防治　一定控制在绝大部分蝗蝻已经孵化出土，成虫尚未产卵前进行防治，药剂可选用45%马拉硫磷乳油1 500倍液；4.5%高效氯氰菊酯乳油、20%氰戊·马拉松（菊马）乳油或2.5%溴氰菊酯乳油3 000～4 000倍液喷雾。

中 华 稻 蝗

中华稻蝗[*Oxya chinensis*（Thunberg）]属直翅目斑腿蝗科。

[**分布与为害**] 中华稻蝗分布比较广泛，在全国各主要稻区均有发生。主要为害水稻及稻田四周的禾本科杂草、花生、玉米、高粱、麦类、甘蔗等。

[**形态特征**] 成虫体长：雄18～27毫米，雌24～39毫米。前翅长：雄14～24毫米，雌20～31毫米。体黄绿色或黄褐色，头大，颜面略向后倾斜。从头部复眼后方至前胸背板两侧各有一深褐色纵条，前胸腹板有锥形瘤状突起。老熟若虫全体绿色，头大，复眼椭圆形，银灰色。卵深黄色，卵粒长圆筒形，长约4毫米，中央略弯。卵囊短茄形，长9～14毫米，宽6～10毫米，有盖，褐色。每个卵囊一般有卵30余粒。卵呈2纵行排列于卵囊中。

中华稻蝗成虫

[**发生规律**] 在我国一年发生1～2代。长江以北一年1代，以卵块在田埂及稻田附近土中越冬。

[**防治技术**]

(1) 稻蝗喜在田埂、地头、渠旁土下产卵。秋后至次年4月结合培修田埂、渠道，铲草带土3厘米左右作堆肥，可消灭其中卵块。

(2) 保护青蛙、蟾蜍，可有效抑制该虫发生。

(3) 蝗蝻三龄前群集在田埂、地边、渠旁取食杂草嫩叶，应重点防治。药剂可选用45%马拉硫磷乳油或20%氰戊菊酯乳油2 000～3 000倍液，或20%氰戊·马拉松（菊马）乳油3 000～4 000倍液，或40%乐果乳油1 000～2 000倍液喷雾。

中 华 蚱 蜢

中华蚱蜢[*Acrida cinerea*（Thunberg）]属直翅目剑角蝗科。别名：中华剑角蝗、异色剑角蝗。

[**分布与为害**] 分布于我国大部分地区。主要为害粟、水稻、小麦、玉米、高粱、花生、大豆、棉花、甘薯、烟草等。

[**形态特征**] 成虫体长：雄30～47毫米，雌58～81毫米。前翅长：雄25～36毫米，雌47～65毫米。体绿色或草枯色。头长，颜面极倾斜。触角剑状。有的个体复眼后、前胸背板侧片上部、前翅肘脉域具宽淡红色纵纹。草枯色个体有的沿中脉域具黑褐色纵纹，沿中闰脉具1列淡色斑点。后翅淡绿色。后足腿节、胫节绿色或黄色。

中华蚱蜢若虫

[**发生规律**] 在我国北方一年发生1代，以卵在土中越冬。在河北越冬卵于6月上旬至下旬孵化，8月中旬至9月上旬羽化，9月中旬至10月下旬产卵，10月中旬至11月上、中旬成虫死亡。成虫羽化后9～16天开始交配，有多次交配习性。每头雌虫产卵1～4块，平均221.7粒。成虫常选择道边、堤岸、

沟渠、田埂等处及植被覆盖度为5%～33%的地方产卵。

［**防治技术**］同疣蝗。

中华蚱蜢成虫（♀）

中华蚱蜢成虫（♂）

花　生　蚜

花生蚜（*Aphis craccivora* Koch）属同翅目蚜科。别名：豆蚜、苜蓿蚜、槐蚜等。

［**分布与为害**］世界各地均有发生，为多食性害虫，寄主植物有200余种，除花生外，豆科蔬菜、苜蓿、刺槐、国槐等受害严重。通常以成蚜、若蚜群集在花生的嫩芽、嫩叶以及花柄等处为害，导致叶片卷缩、变黄，进而影响生长发育。猖獗发生时，蚜虫排出大量蜜露，引起霉污，使花生茎叶变黑，甚至整株枯萎死亡。

花生蚜为害花生叶片

［**形态特征**］无翅孤雌蚜体长1.8～2.0毫米，宽卵圆形，体黑紫色，有光泽。触角6节。腿节、胫节端部及跗节黑色。腹管黑色，圆筒形。尾片黑色，长圆锥形。有翅孤雌蚜体长1.5～1.8毫米，体黑紫色，腹部色稍淡，有灰黑色斑纹。腹部各节背面中部有不规则形横带，触角灰褐色，但第一、二节黑色，第五节端部、第六节基部色深。翅痣、翅脉橙黄色。腿节、胫节端及跗节黑色。腹管、尾片特征同无翅孤雌蚜。

[**发生规律**] 在我国北方一年发生10余代。主要以无翅若蚜在苜蓿、紫花地丁等原生寄主上越冬，也有少量以卵在枯死寄主上越冬。第二年春，花生蚜首先在原生寄主上繁殖几代，产生有翅蚜，之后迁移到附近的豌豆、刺槐和国槐等植物上为害。当花生出苗后，即迁入花生田为害。花生蚜喜低温、干旱，忌高温、高湿。

[**防治技术**]

（1）农业防治　秋后及时清除田埂、路边杂草，减少虫源。

（2）药剂喷雾　①做好预测预报。当田间有蚜株率达20%～30%，每株有蚜虫10～20头时喷药。如降雨多、湿度大，或瓢蚜比达1∶100时，蚜量有下降趋势，停止喷雾。②在田间点片发生阶段可选用20%氰戊菊酯乳油、2.5%高效氟氯氰菊酯乳油、2.5%溴氰菊酯乳油、40%氰戊·马拉松（菊马）乳油2 000～3 000倍液，或45%马拉硫磷乳油1 000倍液喷雾，或10%吡虫啉可湿性粉剂1 500倍液，或25%噻虫嗪水分散粒剂5 000倍液，或3%啶虫脒乳油1 500倍液等喷雾处理。

斑　须　蝽

斑须蝽[*Dolycoris baccarum*（Linnaeus）]属半翅目蝽科。

[**分布与为害**] 全国各地均有分布。主要为害花生、小麦、水稻、棉花、亚麻、油菜、甜菜、豆类等作物。成虫和若虫吸食寄主植物幼嫩部分汁液，造成落花、落果、生长萎缩、籽粒不实。

[**形态特征**] 成虫体长8.0～13.5毫米，宽5.5～6.5毫米。椭圆形，黄褐色或紫褐色。头部中叶稍短于侧叶，复眼红褐色；触角5节，黑色。前翅革片淡红褐色或暗红色，膜片黄褐色，足黄褐色。腹部腹面黄褐色，具黑色刻点。卵长约1毫米，宽约0.75毫米，桶形，初产浅黄色，后变赭灰黄色。若虫略呈椭圆形，腹部每节背面中央和两侧均有黑斑。

[**发生规律**] 在辽宁一年发生1～2代，均以成虫在田间杂草、枯枝落叶、树皮或房屋缝隙中越冬。成虫具弱趋光性，越冬成虫较明显。在强的阳光下，成虫喜栖于叶背，阴雨和日照不足时，则多在叶面上活动。成虫需吸食补充营养才能产卵，故产卵前期是为害的重要阶段。

斑须蝽成虫

［防治技术］

（1）农业防治　作物收获后及时清除杂草、枯枝落叶，将隐蔽在树皮下、房屋缝隙中的越冬成虫扫出，集中销毁，降低越冬基数。

（2）加强田间管理，摘除卵块及初孵未分散的小若虫。

（3）药剂防治　可选用80%敌敌畏乳油、40%乐果乳油1 500倍液，或2.5%溴氰菊酯乳油、20%氰戊菊酯乳油3 000倍液喷雾。

东北大黑鳃金龟

东北大黑鳃金龟［*Holotrichia diomphalia*（Bates）］属鞘翅目金龟科。其幼虫与其他种类的金龟子幼虫均称蛴螬。

［分布与为害］分布在我国东北地区，是旱田重要害虫。成虫取食作物的茎、叶和树木及苗木叶片；幼虫为害植物的地下部分，先啃食主根、根颈，连同种皮一起吃掉，被咬处伤口整齐。

［形态特征］成虫体长16 ~ 21毫米，宽8 ~ 11毫米，黑色或黑褐色，具光泽。触角10节，鳃片部3节，黄褐色或赤褐色。前胸背板两侧弧扩，最宽处在中间。鞘翅长椭圆形，于1/2后最宽。前足胫节具3外齿。雄虫前臀节腹板中间具明显的三角形凹坑；雌虫前臀节腹板中间无三角坑，具一横向枣红色棱形隆起骨片。卵长2.5 ~ 2.7毫米，宽1.5 ~ 2.2毫米，发育前期为长椭圆形，白色稍带绿色光泽；发育后期圆形，洁白色。老熟幼虫体长35 ~ 45毫米，头宽4.9 ~ 5.3毫米。蛹体长21 ~ 24毫米，宽11 ~ 12毫米。

花生幼苗被害状

（张治良提供）

花生果被害状

（张治良提供）

东北大黑鳃金龟成虫

东北大黑鳃金龟蛹（左：♂，右：♀）

（张治良提供）

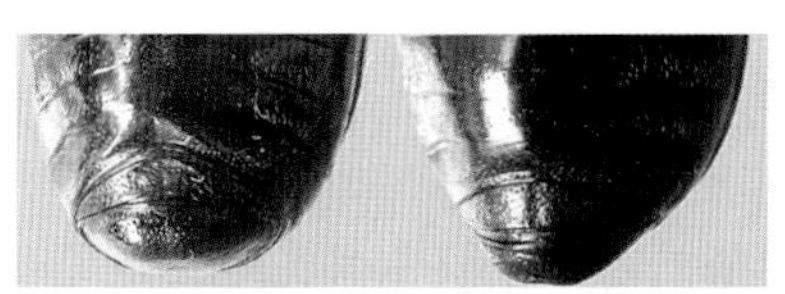

东北大黑鳃金龟成虫腹端放大

（左：♂，右：♀）

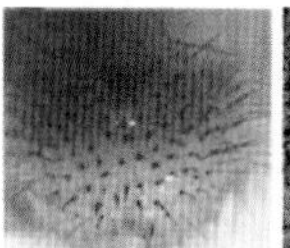

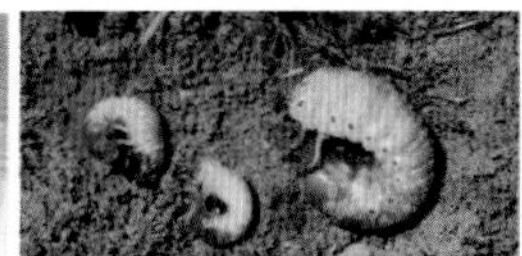

东北大黑鳃金龟幼虫及放大的肛腹片

（张治良提供）

[发生规律] 在辽宁两年发生1代，以成虫和幼虫隔年交替越冬。成虫活动期在4—8月；幼虫在春、秋两季为害。越冬成虫4月底至5月初始见，5月中、下旬为盛发期。5月下旬开始产卵，6月中、下旬为产卵盛期，末期可到8月中、下旬，卵期平均19.1天。6月中旬卵开始孵化，孵化盛期在7月中旬前后。一龄幼虫历期平均25.8天；二龄

幼虫历期平均26.4天；8月上、中旬幼虫开始进入三龄，10月中、下旬开始入土，一般在55 ~ 145厘米深土层中越冬。越冬幼虫第二年5月上、中旬开始为害植物地下部分，为害盛期在5月下旬至6月上旬；三龄幼虫历期平均为307天。6月下旬开始化蛹，化蛹盛期在8月中旬前后，蛹期平均为22 ~ 25天。8月上旬开始羽化，羽化盛期为8月下旬至9月初。羽化的成虫当年不出土，在化蛹的土室内越冬，直到翌年4月底才开始出土活动。

成虫昼伏夜出。日落后开始出土，21时是出土取食和进行交配的高峰期。成虫有假死性，性诱现象明显（雌诱雄），趋光性不强。

在辽宁大部分地区（辽南、辽东表现更明显些），逢奇数年春、夏，由于上一年秋以成虫态越冬的虫量较多，故成虫盛发，植株地上部分受害重，成虫产卵并孵化为幼虫，这批幼虫秋季为害花生荚果，当年秋以幼虫越冬为主；逢偶数年春、夏，由于上一年秋以幼虫越冬的虫量较多，故幼虫盛发，植物地下部分受害重，夏、秋化蛹并羽化，当年秋以成虫越冬为主。

根据上述规律，在成虫盛发年，主要防治成虫在分散产卵前；在幼虫盛发年，主要防治幼虫于春播期或为害期前。

[防治技术] 当田间调查蛴螬数量低于667头/亩时为轻发生，667 ~ 2 000头/亩时为中等发生，2 000头/亩以上为严重发生。故田间蛴螬数量达到667头/亩以上时应及时采取防治措施。

（1）闷种　见东方蝼蛄防治技术。

（2）对蛴螬虫量比较大（平均2 000头/亩以上）的地块要在闷种后补施毒土。每亩用40%辛硫磷乳油1升，对1升水稀释，先拌10千克细干土，再用拌好的药土拌10千克细干土，随播种撒在播种穴内，先撒毒土后覆上一层土再播种防效更好。

（3）防治成虫　在成虫盛发年的成虫盛发前（雌雄性比为0.8 ∶ 1.2），于晴天傍晚喷40%甲基异柳磷乳油1 000倍液于叶片上。

矮臀大黑鳃金龟

矮臀大黑鳃金龟（*Holotrichia ernesti* Reitter）属鞘翅目金龟科。

[分布与为害] 分布于东北、山西、河北、山东、内蒙古、湖北。

成虫为害禾谷类、薯类、油料作物以及蔬菜和果木幼苗的叶子。幼虫为害大田作物及苗木的地下部分。

[**形态特征**] 与东北大黑鳃金龟极相似，成虫不同处在于矮臀大黑鳃金龟臀板隆凸顶点在上半部（前者在下半部）；臀板短阔，上半部呈额状隆凸（前者臀板长阔，上半部不呈额状隆凸）；雄虫触角鳃片部长达其前6节总长的1.5倍（前者不达前6节总长的1.5倍）；爪齿近爪端分出（前者爪齿稍中点前分出）。幼虫不同处在于矮臀大黑鳃金龟额前缘刚毛6～9根，大多个体为7～8根（前者额前缘刚毛2～6根，大多个体为2～5根）；内唇前侧褶区折面较多，左侧9～11条，多为10条，右侧9～10条（前者内唇前侧褶区折面较少，左侧7～9条，多为8条，右侧7～8条）。

幼虫为害根部引起地上部分萎蔫

矮臀大黑鳃金龟成虫

[**发生规律**] 同东北大黑鳃金龟。多与东北大黑鳃金龟混合发生，有些地方数量还多于东北大黑鳃金龟。

[**防治技术**] 同东北大黑鳃金龟。

暗 黑 鳃 金 龟

暗黑鳃金龟[*Holotrichia parallela*(Motschulsky)]属鞘翅目金龟科。别名：暗黑齿爪鳃金龟。

[**分布与为害**] 分布在我国东北、华北、华东、华中、西北、西南等地区。成虫取食榆、杨、梨、苹果等叶片；幼虫食性杂，主要为

花生果被害状

害花生、大豆、甘薯、玉米、麦类等各种农作物及苗木的地下部分。三龄幼虫食量大，为害严重，如为害花生有的将嫩果全部吃光仅留果柄，有的咬断果柄使荚果发芽腐烂，有的吃空果仁形成“泥罐”，有的剥食主根使植株死亡，幼虫可转移为害，造成植株大片死亡。

[**形态特征**] 成虫体长17 ~ 22毫米，宽9.0 ~ 11.5毫米，窄长卵形，被黑色或黑褐色绒毛，无光泽。前胸背板最宽处在侧缘中部以后。小盾片呈宽弧状三角形。鞘翅伸长，两侧缘几乎平行，靠后边稍膨大，每侧4条纵肋不显。腹部腹板具蓝青色丝绒色泽。卵长2.5 ~ 2.7毫米，宽1.5 ~ 2.2毫米，椭圆形，乳白色；后期洁白有光泽。老熟幼虫体长35 ~ 45毫米，头宽5.6 ~ 6.1毫米，头部前顶毛每侧1根，位于冠缝两侧。蛹体长20 ~ 25毫米，宽10 ~ 12毫米。尾节三角形，二尾角呈钝角岔开。雄外生殖器明显隆起；雌可见生殖孔及其两侧的骨片。

暗黑鳃金龟成虫

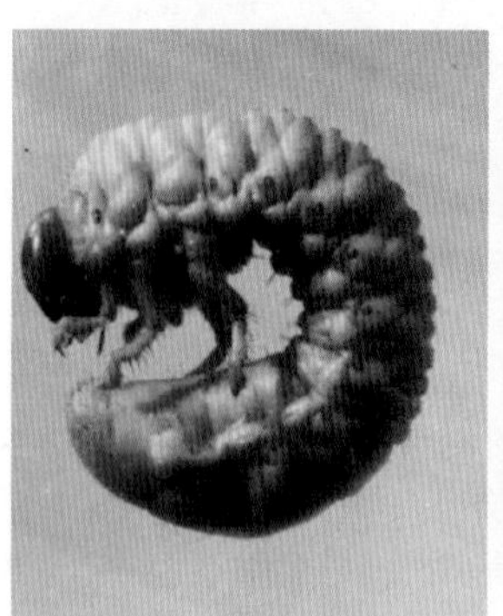
暗黑鳃金龟幼虫
（张治良提供）

暗黑鳃金龟蛹（♂）
（张治良提供）

[**发生规律**] 一年发生1代，以三龄老熟幼虫越冬。6 ~ 7月为成虫发生期。在辽宁，幼虫春（5月）、秋（8 ~ 10月）两季为害。成虫昼伏夜出，有群集性、假死性，趋光性强。成虫有隔日出土的习性，

出土日与非出土日的虫量相差极大。

[**防治技术**] 同东北大黑鳃金龟。

云斑鳃金龟

云斑鳃金龟（*Polyphylla laticollis* Lewis）属鞘翅目金龟科。别名：大云鳃金龟、大云斑鳃金龟。

[**分布与为害**] 我国除西藏、新疆未见报道外，其他各省份均有发生。辽宁主要分布于沈阳、铁岭、昌图、阜新、朝阳、辽中等地。在土层厚、有机质含量高、酸碱度适中的地块虫量大。

幼虫为害各种旱田作物及树木的地下部分；成虫取食杨、松、杉、柳及禾本科作物叶片。为害时先咬断主根，食光侧根，植株倒伏后钻蛀茎基；还可取食花生秋果、钻蛀薯类块茎、咬断幼树根系。

被害花生田

花生果被害状

[**形态特征**] 成虫体长28 ~ 41毫米，宽14 ~ 21毫米。体多呈暗褐色，少数红褐色，上覆白色、黄色鳞毛并组成斑纹。足、触角鳃片部为暗红褐色。触角雌、雄异型。头除覆有黄色鳞毛外，在额区还有竖立的长黄细毛。前胸背板前半部中间具2窄而对称、由黄鳞毛组成的纵带斑，其两侧有2 ~ 3个纵列毛斑。覆在鞘翅上的鳞毛组成云状斑纹。老熟幼虫体长60 ~ 70毫米，头宽9.8 ~ 10.5毫米。蛹体长49 ~ 53毫米。

[**发生规律**] 在辽宁4年完成1代，以幼虫越冬。以第二年秋和第三、四年全年为害重。成虫出土始期为6月下旬，盛期7月上旬，历期30天。产卵始期为7月初，盛期为7月10日前后，末期在7月下旬。

云斑鳃金龟成虫（♀）

云斑鳃金龟成虫（♂）

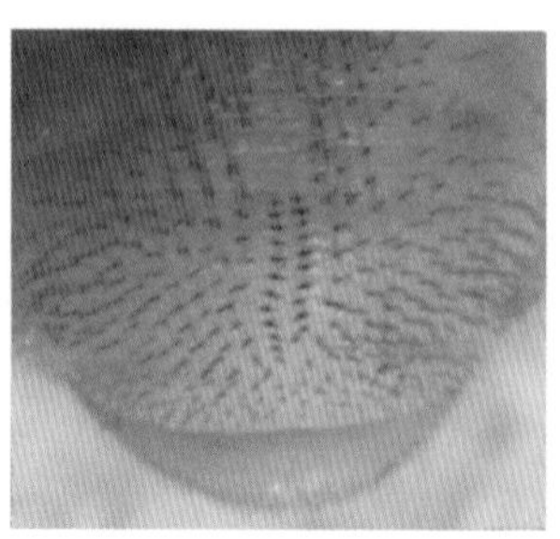
云斑鳃金龟幼虫肛腹片

云斑鳃金龟三龄幼虫

云斑鳃金龟蛹（左：♀，右：♂）

（张治良提供）

卵期平均23天。孵化始期为7月下旬，盛期为8月上、中旬。一龄幼虫从8月上旬开始到第二年6月中旬进入二龄；二龄幼虫从第二年6月中旬开始到第三年6月中旬进入三龄；三龄幼虫从第三年6月中旬开始，经两次越冬，到第五年5月中旬，进入预蛹期。预蛹经20天后化蛹，蛹期约20天，蛹始见于6月初，终见于6月末，盛期在6月15日前后。成虫活动分为前、后两段，以交配产卵为界，之前为昼伏夜出，之后为白天取食夜间迁飞。成虫趋光性强，尤其是雄虫，有假死习性。

[防治技术] 同东北大黑鳃金龟，但闷种后，需要增施毒土的虫口密度是平均667头/亩以上。

黑 皱 鳃 金 龟

黑皱鳃金龟[*Trematodes tenebrioides*（Pallas）]属鞘翅目金龟科。

别名：无翅黑金龟、无后翅金龟子。

［分布与为害］黑皱鳃金龟分布在我国东北、华北、华东、西北等地。成虫取食植物嫩芽、嫩茎和叶片；幼虫为害植物地下部分。

幼虫为害根部引起地上部分萎蔫

黑皱鳃金龟成虫

［形态特征］成虫体长13～18毫米，宽6～8毫米，黑色，无光泽，密布粗大不规则刻点，且多愈合成凹凸不平皱状。触角10节，鳃片部3节。前胸背板横宽，侧边锯齿状，具短列毛，中间具中纵线。小盾片横三角形，中央具光滑纵脊，两侧基部有少数刻点。鞘翅卵圆形，基部明显狭于前胸背板，无明显纵肋，刻点皱状。后翅退化痕迹状。腹部臀节背板外露，前臀节背板后部外露呈五角形。老熟幼虫体长24～32毫米。蛹体长约21毫米，宽约11毫米，黄褐色。尾节末端具2尾角。

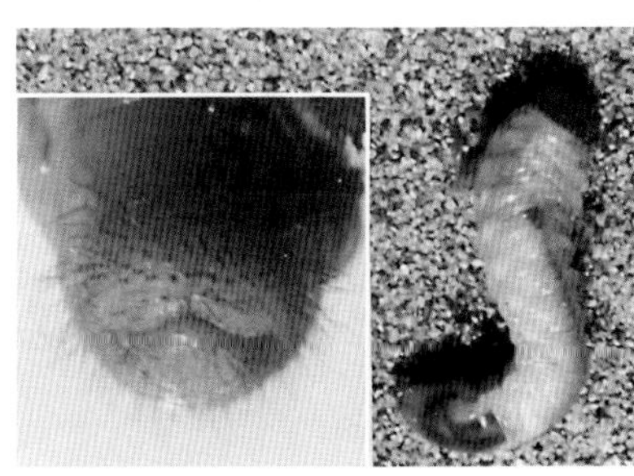

黑皱鳃金龟幼虫及肛腹片

（张治良提供）

黑皱鳃金龟蛹（左：♂，右：♀）

（张治良提供）

[**发生规律**] 在辽宁2年发生1代，以幼虫、成虫隔年交替越冬。越冬成虫4月下旬始见出土，5月上、中旬为活动盛期，7月初是终见期。成虫于5月下旬开始产卵，6月下旬是产卵盛期。卵期平均12 ~ 17天。卵孵化盛期在6月下旬至7月上旬。6月中旬田间始见幼虫，当年多以二龄幼虫越冬，翌年4月下旬上升到耕层20厘米处，为害植物的地下部分。7月中旬以后开始化蛹，8月中旬为化蛹盛期，蛹期15 ~ 24天，平均20天。8月上旬开始羽化为成虫，成虫当年不出土，在化蛹室里越冬。

与东北大黑鳃金龟相似，逢奇数年春季成虫盛发，植株地上部分受害重；逢偶数年春季幼虫盛发，植物的地下部分受害重。

成虫喜在温暖无风的白天出土活动。每日活动时间多在10 ~ 16时，以12 ~ 14时活动最盛，在地面爬行、取食、交配。

[**防治技术**] 同东北大黑鳃金龟。

华阿鳃金龟

华阿鳃金龟（*Apogonia chinensis* Moser）属鞘翅目金龟科。别名：小黑棕鳃金龟。

[**分布与为害**] 分布在我国东北、华北、西北及河南、湖北、四川等地。辽宁全省均有分布。成虫取食双子叶植物的叶片，特别是豆科植物和小灌木等；幼虫可为害旱地植物地下部分。

[**形态特征**] 成虫体长7 ~ 8毫米，宽4 ~ 5毫米，卵圆形，呈光亮的棕黑色、黑褐色或栗褐色。头宽大，唇基横新月形，密布深大刻点，边缘微折翘。触角10节，鳃片部3节，短小。前胸背板短阔，宽为长的1倍多，密布椭圆刻点。小盾片三角形，中脊及端部光滑而两侧散布刻点。鞘翅侧缘前段弧扩，伴有向后渐增宽的膜边。臀板短小，布粗大具毛刻点。前足胫节具3外齿。老熟幼虫体长7 ~ 10毫米，头宽1.3 ~ 1.4毫米。蛹体长约8毫米，宽约4毫米，黄褐色。腹部背板中间具横脊。末节具2尾角。

[**发生规律**] 两年发生1代，以幼虫、成虫隔年交替越冬。成虫于5月中、下旬开始出土，6月上、中旬是发生盛期，6月中、下旬是成虫产卵盛期，7月上、中旬为卵孵化盛期。9月中旬幼虫向土层深处

华阿鳃金龟成虫

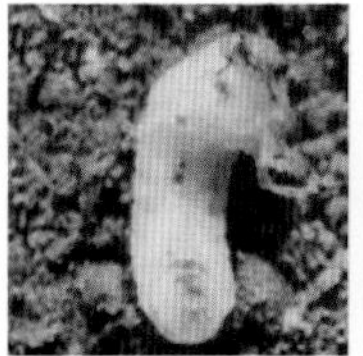

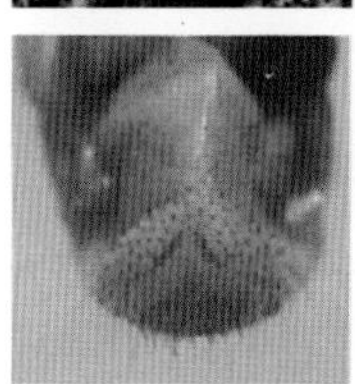

华阿鳃金龟幼虫及肛腹片

华阿鳃金龟蛹及初羽化成虫（张治良提供）

下降，最后在70 ～ 80厘米深处的土层内越冬。第二年春，当土壤完全解冻后，开始向土壤上层移动，6月上旬上升至土表10 ～ 20厘米左右，6月中旬开始严重为害作物的须根，为害期持续到7月中旬。以后陆续化蛹，化蛹盛期为8月上旬。8月下旬至9月上旬为羽化盛期，羽化成虫留在土室中越冬。但有的年份由于温湿度等条件满足不了其发育的需要，也可以老熟幼虫越冬，在第二年春季化蛹羽化。

[防治技术] 同东北大黑鳃金龟。

中华弧丽金龟

中华弧丽金龟[*Popillia quadriguttata*（Fabricius）]属鞘翅目金龟科。别名：四纹丽金龟、四斑丽金龟。

[分布与为害] 我国除西藏、新疆未见报道外，其他各省份均有发生。成虫除取食花生叶片外，还取食果树、林木、作物、牧草的叶片和胡萝卜、大豆、棉花的花；幼虫为害各种植物地下部分。

[形态特征] 成虫体长7.5 ～ 12.0毫米，宽4.5 ～ 6.5毫米。椭圆形，呈青铜色闪光，以前胸背板最强。鞘翅黄褐色，沿缝肋为绿或墨绿色。前胸背板宽大于长。鞘翅宽短，具6条粗刻点深沟行，行间隆起。臀板基部有2个圆毛斑，腹部第一至五节两侧缘毛密集成斑。老熟幼虫体长8 ～ 10毫米，头宽2.9 ～ 3.1毫米。蛹体长9 ～ 13毫米，

宽5 ~ 6毫米。尾节近三角形，端部双峰状，峰顶生褐色细毛。

中华弧丽金龟成虫为害花生叶片

中华弧丽金龟成虫

中华弧丽金龟幼虫及肛背片
（张治良提供）

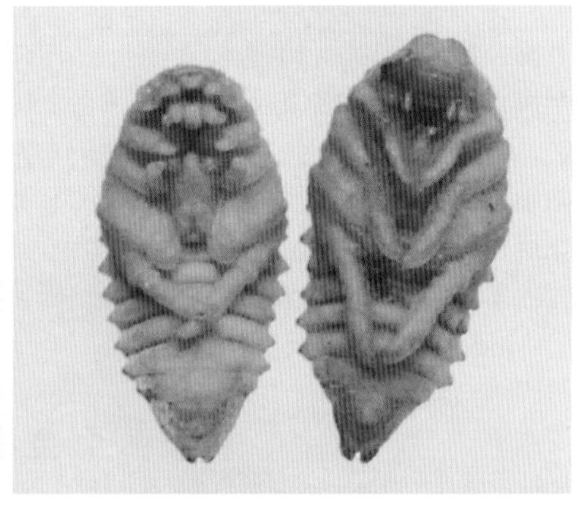
中华弧丽金龟蛹（左：♀，右：♂）
（张治良提供）

[发生规律] 辽宁一年发生1代，以幼虫越冬。春（5 ~ 6月）、秋（8 ~ 9月）季幼虫为害；夏季（7月）为成虫活动期。三龄越冬幼虫4月上旬开始上移。6月中旬开始化蛹，6月下旬为盛期，末期在7月上旬。6月下旬开始羽化，盛期在7月上旬，末期在7月中旬，历期约30天。成虫发生盛期5 ~ 7天后产卵，7月14 ~ 19日为产卵始期，7月16 ~ 23日为产卵高峰，7月底、8月初产卵终止。8月上旬幼虫进入二龄，于8月中旬幼虫进入三龄，为害秋播作物的幼苗。

成虫出土两天后方取食，白天活动，晚间潜回土中。成虫发生初期、后期多分散活动，盛期则群集取食、交配。

［**防治技术**］

（1）闷种　同东方蝼蛄。

（2）药剂喷杀成虫　在成虫盛发始期，结合防治其他食花、食叶性害虫，于晴朗天气的上午10时前喷药。

铜绿异丽金龟

铜绿异丽金龟（*Anomala corpulenta* Motschulsky）属鞘翅目金龟科。别名：铜绿丽金龟。

［**分布与为害**］我国除西藏、新疆未见报道外，其他各省份均有发生。辽宁全省均有分布。成虫取食林木、果树、作物叶片；幼虫为害各种植物地下根、茎，秋季主要取食花生和甘薯。

［**形态特征**］成虫体长19～21毫米，宽10.0～11.5毫米。头、前胸背板、小盾片和鞘翅呈铜绿色，有闪光，但头、前胸背板色较深，红铜绿色；而前胸背板两侧缘、鞘翅侧缘、胸及腹部腹面，足的基节、转节、腿节，均为褐色和黄褐色；足的胫节、跗节及爪为棕色。前胸背板两前角前伸，呈斜直角状。鞘翅各具4条纵肋。前足胫节具2外齿。鲜活虫，雌虫腹板白色；雄虫腹板黄白色。老熟幼虫体长30～33毫米，头宽4.9～5.3毫米。蛹体长18～22毫米，宽9.6～11.0毫米。

［**发生规律**］在我国长江以北地区一年发生1代，以幼虫越冬。在辽宁，幼虫春季为害期在5月中旬至6月中旬，为害盛期为5月下旬至

铜绿异丽金龟成虫

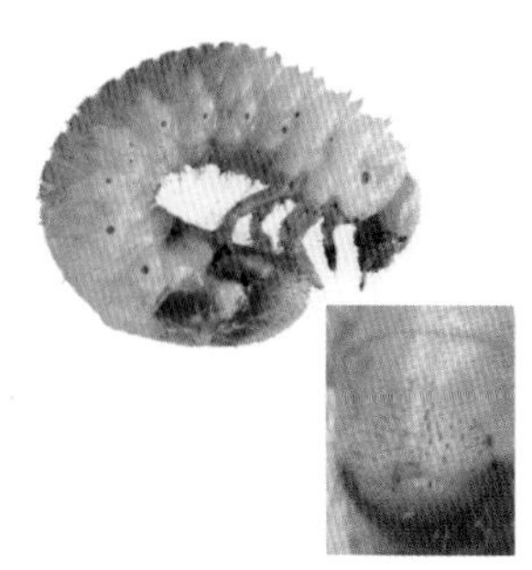

铜绿异丽金龟蛹、幼虫及肛腹片（张治良提供）

6月初。6月中、下旬化蛹、羽化。6月下旬至7月中旬是成虫为害期；7月中旬田间出现新一代幼虫，进入秋季为害期，10月中旬大多以三龄幼虫，少数以二龄幼虫开始越冬。

成虫通常昼伏夜出，但在湿润的果林区成虫盛发时，白天亦能取食为害。每晚黄昏出土，20 ~ 22时是活动高峰期。成虫有假死性，趋光性强，灯诱数量多，上灯雌虫多于雄虫。

［**防治技术**］同中华弧丽金龟。

蒙古异丽金龟

蒙古异丽金龟（*Anomala mongolica* Faldermann）属鞘翅目金龟科。别名：蒙古丽金龟。

［**分布与为害**］分布在我国东北、华北、西北等地。辽宁全省均有分布。成虫取食植物叶片；幼虫为害旱田作物地下部分。

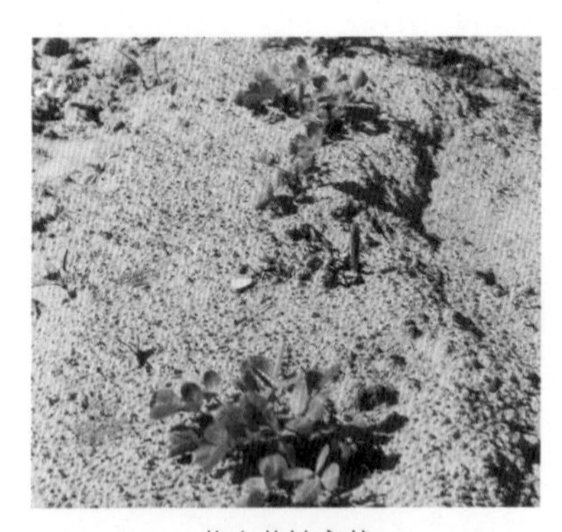

花生苗被害状

（张治良提供）

［**形态特征**］成虫体长16 ~ 22毫米，宽9 ~ 12毫米，椭圆形，背隆起。体色分为：背面深绿色，稍具金属闪光，腹面紫铜色，金属闪光强；背面暗蓝色，稍具金属闪光，腹面蓝黑色，墨绿金属闪光强。触角10节，鳃片部3节。头小，唇基横椭圆形。前胸背板最宽处在基部；具窄光滑中纵带。小盾片三角形。老熟幼虫体长40 ~ 50毫米。蛹体长18 ~ 22毫米，宽10 ~ 11毫米。腹部具发音器6对，位于腹部第一至七节背板中央节间处。尾节后缘半圆形。

［**发生规律**］一年发生1代，以三龄幼虫越冬，幼虫春、秋两季为害。在东北，6月中旬幼虫开始化蛹，7月上旬始见成虫，7月下旬开始出现新一代幼虫，初孵幼虫可取食土中有机质和作物须根，但因食量小，为害不显著。二、三龄幼虫，正值花生嫩果期，可严重为害花生。成虫昼夜均可取食，有趋光性，群集性强。

蒙古异丽金龟成虫（绿色型）

蒙古异丽金龟成虫（蓝色型）

蒙古异丽金龟蛹（♂）
（张治良提供）

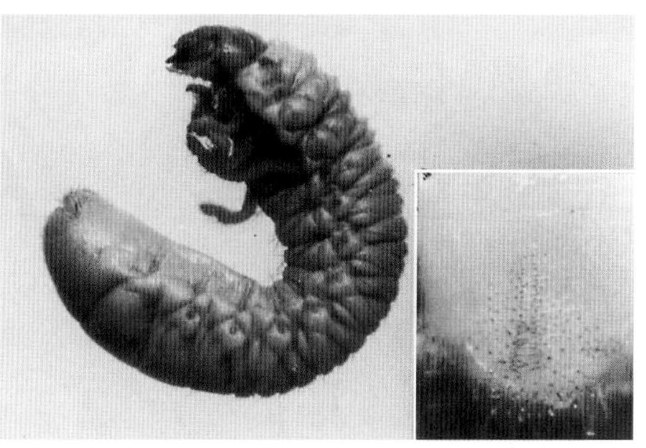

蒙古异丽金龟幼虫及肛腹片
（张治良提供）

［**防治技术**］同中华弧丽金龟。

多色异丽金龟

多色异丽金龟（*Anomala smaragdina* Ohaus）属鞘翅目金龟科。别名：多色丽金龟。

［**分布与为害**］分布于辽宁、河北、山西、甘肃等地。成虫取食果树、树木、农作物等叶片；幼虫主要为害花生、玉米、高粱、大豆、薯类等地下根和茎。

［**形态特征**］成虫体长12～14毫米，宽7～9毫米。背、腹面均

呈金属色闪光，体色变异较大，鞘翅黄褐色，头、前胸背板、小盾片、臀板深铜绿色；全身深铜色或浅紫铜色。触角9节，鳃片部3节。前胸背板后缘侧段无明显边沿，其内侧有深显横沟。小盾片近半圆形，密布刻点。鞘翅每侧有纵肋4条，以背面的两条较显。腹部第一至四节腹板侧端纵脊状。臀板短阔三角形，被少数绒毛。老熟幼虫体长28 ~ 32毫米。蛹体长18.5 ~ 19.5毫米，宽8.0 ~ 9.5毫米。尾端半圆形，无尾角。

[**发生规律**] 一年发生1代，以二、三龄幼虫越冬。幼虫春(5 ~ 6月)、秋（8 ~ 9月）为害。成虫出现期为6月中旬至7月中旬。成虫白天活动，夜间趋光，有群集性。

多色异丽金龟成虫（示各色型）

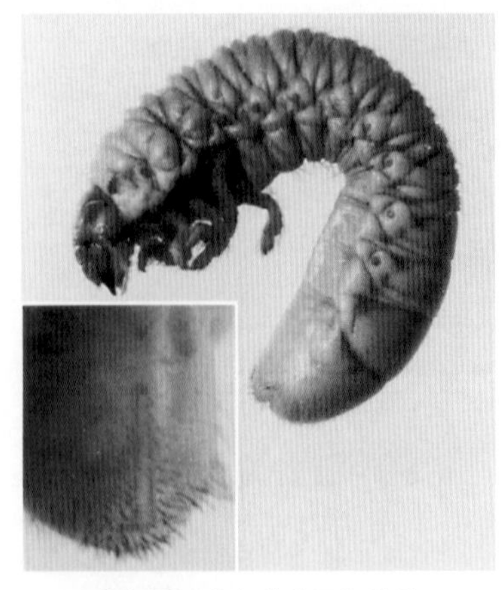

多色异丽金龟幼虫及肛腹片
（张治良提供）

多色异丽金龟蛹（♂）
（张治良提供）

[防治技术] 同中华弧丽金龟。

苍翅藜丽金龟

苍翅藜丽金龟（*Blitopertha pallidipennis* Reitter）属鞘翅目金龟科。别名：褐条丽金龟、淡翅丽金龟、淡翅藜丽金龟。

[分布与为害] 分布于东北、山东、河南、河北、山西、内蒙古等地。成虫多取食双子叶植物的叶片；幼虫取食植物的地下部分，喜食花生、甘薯等。

[形态特征] 成虫体长9.0 ~ 11.6毫米，宽5.0 ~ 6.4毫米，卵圆形光亮。雌雄二型：雄虫黑紫色；雌虫褐黄色，颊区具2斑，在前胸背板中纵带两侧具2大斑。头具密的大、小刻点。唇基半圆形，前边翘起。触角：雄虫鳃片部是2 ~ 6节的1.25倍长；雌虫鳃片部稍短于2 ~ 6节长。前胸背板横阔，最宽处在基部。鞘翅宽卵形，两侧弧凸；鞘翅刻点沟深，沟间明显隆拱具小刻点和横皱；第二沟间具1列大深刻点。前足胫节外缘2齿，基齿短，顶齿长尖。老熟幼虫体长10 ~ 14毫米。

幼虫为害根部引起地上部分萎蔫

苍翅藜丽金龟成虫（♀）

苍翅藜丽金龟成虫（♂）

[发生规律] 辽宁1～2年发生1代，以一年发生1代为主，幼虫越冬。成虫出土活动始期在6月下旬，盛期7月中旬，末期7月底至8月初。产卵盛期7月中、下旬，末期8月中旬，卵期14～17天，蛹期9～18天。一年完成1个世代的幼虫期为302～333天，以三龄幼虫越冬，翌年6月上旬开始化蛹，6月下旬开始羽化出土。两年完成1个世代的幼虫期674～717天，以二龄幼虫第一次越冬；第二年4月末进入三龄，并以三龄幼虫第二次越冬，第三年6月上旬开始化蛹，6月下旬开始羽化出土。成虫昼出夜伏，每日4时30分至15时出土活动。

[防治技术] 同中华弧丽金龟。

宽 背 金 针 虫

宽背金针虫[*Selatosomus latus*（Fabricius）]属鞘翅目叩甲科。别名：宽背叩甲。

[分布与为害] 分布在我国东北、华北、西北等地。幼虫主要为害花生、小麦、玉米、高粱、谷子，也可为害豆类、薯类、甜菜、棉花、瓜类、苜蓿和中草药等。

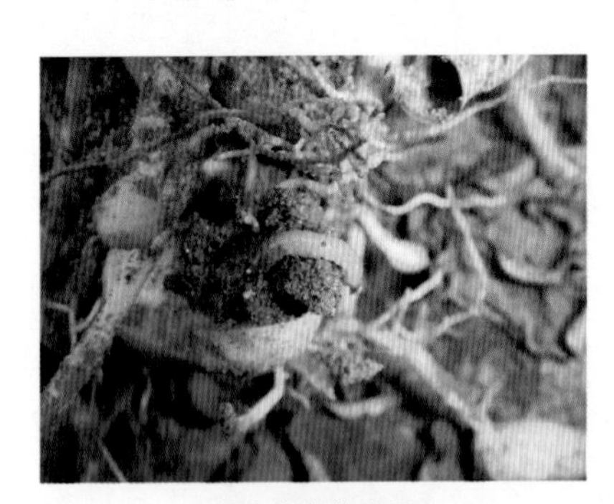

幼虫为害花生果

[形态特征] 雌成虫体长10.5～13.1毫米；雄成虫体长9.2～12.0毫米，粗短宽厚。头具粗大刻点。触角短，端不达前胸背板基部。前胸背板横宽，侧缘具有翻卷的边沿，向前呈圆形变狭，后角尖锐刺状，伸向斜后方。小盾片横宽，半圆形。鞘翅宽，适度凸出，端部具宽卷边，纵沟窄，有小刻点，沟间突出。体黑色，前胸和鞘翅带有青铜色或蓝色调。触角暗褐色。足棕褐色，后足跗节明显短于胫节。老熟幼虫体长20～22毫米，体棕褐色。腹部背片不显著凸出，有光泽，隐约可见背纵线。蛹体长约10毫米。初蛹乳白色，后变白带浅棕色，羽化前复眼变黑色，上颚棕褐色。

[发生规律] 在我国北方约4～5年完成1代，以幼虫越冬。幼虫

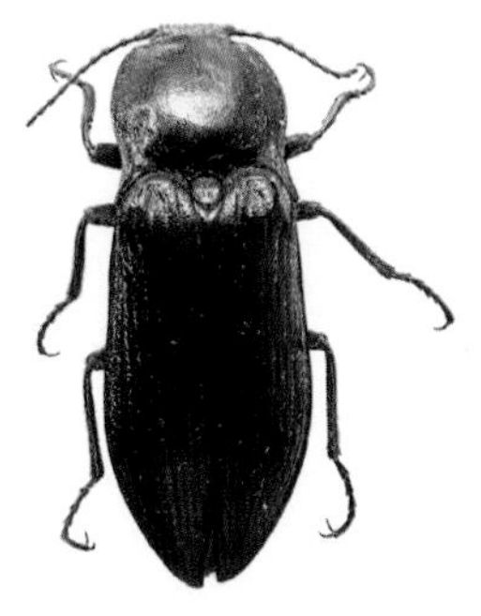
宽背金针虫成虫

宽背金针虫幼虫及尾部放大

宽背金针虫雄蛹及尾部放大

（张治良提供）

春季为害各种旱地作物。5～7月成虫出现，白天活动，能飞翔，有趋糖蜜习性。

［**防治技术**］

（1）闷种　同东方蝼蛄。

（2）对虫量较大（平均2 000头/亩以上）的地块除闷种外，还要随种子一起补施毒土。毒土的配制及使用方法见东北大黑鳃金龟。

（3）发生为害后应及时用40%辛硫磷乳油或40%甲基异柳磷乳油1 000倍液浇灌苗根（顺苗旁开一沟浇灌效果更好）。

细胸金针虫

细胸金针虫（*Agriotes subvittatus* Motschulsky）属鞘翅目叩甲科。别名：细胸锥尾叩甲、细胸叩甲。

［**分布与为害**］分布在我国东北、华北、西北、华东、河南等地。幼虫主要为害玉米、高粱、小麦、花生、马铃薯、甘薯、向日葵、亚麻、甜菜、苜蓿及各种蔬菜。

［**形态特征**］成虫体长8～9毫米，宽约2.5毫米，细长，背面扁平，被黄色细绒卧毛。头、胸部棕黑色；鞘翅、触角、足棕红色，光亮。唇基不分裂。触角着生于复眼前缘，细短。前胸背板长稍大于宽。小盾片略似心脏形，覆毛极密。鞘翅狭长，至端部稍缢尖；每翅具9纵行深刻点沟。老熟幼虫体长20～25毫米，宽约1.5毫米，细长圆

筒形，淡黄色，有光泽。头扁平，口部深褐色。蛹体长8～9毫米，初蛹乳白色，后变黄色，羽化前复眼黑色，口器淡褐色，翅芽灰黑色。

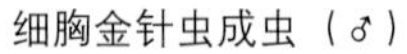

细胸金针虫成虫（♂）

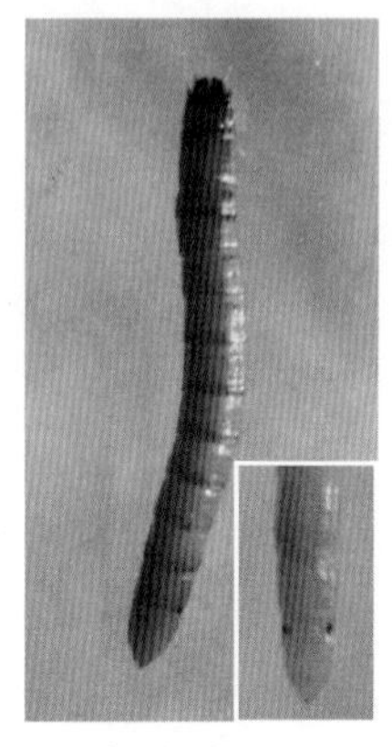

细胸金针虫幼虫及尾部放大

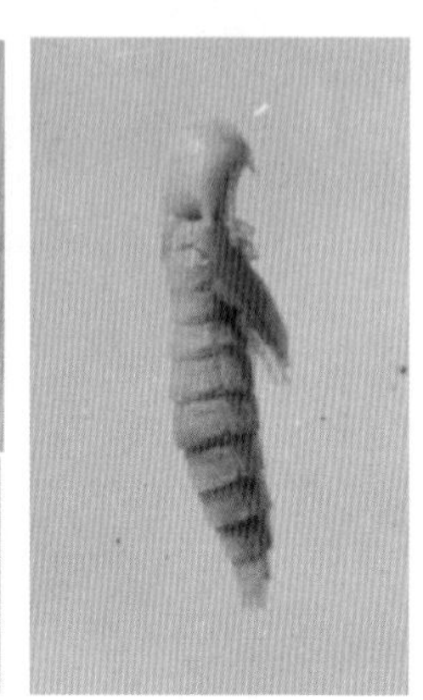

细胸金针虫蛹

（张治良提供）

[发生规律] 在我国北方2年发生1代。第一年以幼虫越冬；第二年以老熟幼虫、蛹或成虫越冬。细胸金针虫适温较低，早春活动较早，秋后也能抵抗一定的低温，所以为害期较长。成虫出现期为4～6月；幼虫春季为害期为4月中旬至5月中旬，夏季幼虫下移深土层越夏，秋季土温下降后幼虫又回升到13厘米以上土层，进入秋季为害，在一年一作的地区秋季一般看不出什么危害。

幼虫不耐干旱，要求较高的土壤湿度。成虫昼伏夜出，食量甚小。成虫有强叩头反跳能力和假死性，略具趋光性，并对新鲜而略萎蔫的杂草有极强的趋性。

[防治技术] 同宽背金针虫。

黑 绒 金 龟

黑绒金龟[*Maladera orientalis*（Motschulsky）]属鞘翅目金龟科。别名：黑绒鳃金龟、东玛绢金龟。

[分布与为害] 我国除西藏、新疆未见报道外，其他各省份均有发生。成虫取食植物的芽、叶、茎；幼虫取食腐殖质及植物地下部分，危害性不大。

早春播种前出土活动的成虫

［形态特征］成虫体长6.2～9.0毫米，宽3.5～5.2毫米，卵圆形，前狭后宽，黑色或黑褐色，有丝绒般闪光。唇基黑色，光泽强。触角9节，鳃片部3节。前胸背板横宽，两侧中段外扩，密布细刻点，侧缘列生褐色刺毛。鞘翅侧缘微弧形，边缘具稀短细毛，纵肋明显。卵长1.2毫米，椭圆形，乳白色，光滑。老熟幼虫体长14～16毫米，头宽2.5～2.6毫米。蛹体长8～9毫米，宽3.5～4.5毫米。

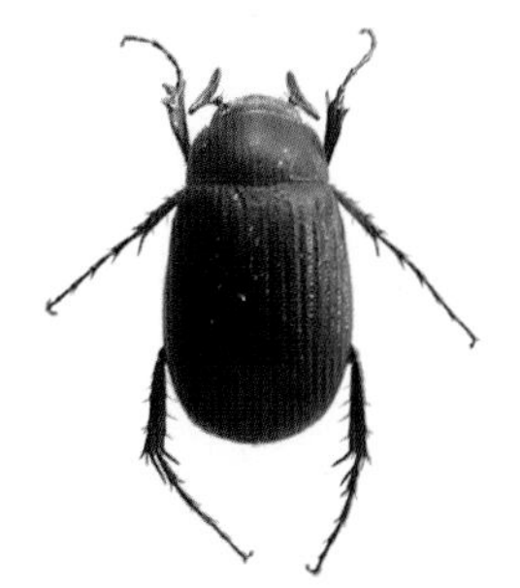
黑绒金龟成虫

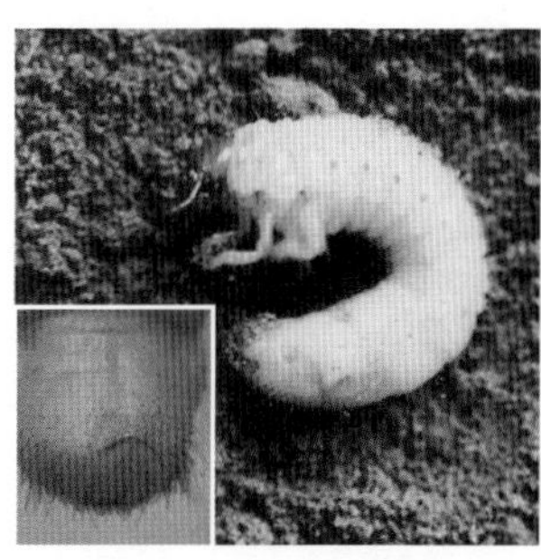
黑绒金龟幼虫及肛腹片
（张治良提供）

黑绒金龟蛹
（张治良提供）

［发生规律］我国长江以北地区一年发生1代，以成虫越冬。5日平均气温10℃以上开始大量出土。辽宁4～6月为成虫活动期，盛期在4月下旬至5月下旬。6～8月为幼虫生长发育期。

［防治技术］

（1）严格掌握成虫出土活动始期（5日平均气温10℃左右），在田边四周（特别是向阳土坡地边）撒施毒土。毒土配制及使用方法：用40%甲基异柳磷乳油1千克对水2～3千克与过筛的细干土15～20千克分两次混匀后，撒施于1亩的面积上，在田边四周向阳坡地边要多撒些。当黑绒金龟已扩散到全田后，要把毒土撒施在苗眼周围。

（2）鲜饵诱杀法　用40%甲基异柳磷乳油1千克对水10～20千克，浸蘸切短的绿色双子叶植物茎、叶，一堆一堆的放在田边和田中，每亩均匀放20～30堆毒饵。

蒙 古 土 象

蒙古土象（*Xylinophorus mongolicus* Faust）属鞘翅目象甲科。别名：蒙古灰象甲。

[**分布与为害**] 分布在我国东北、华北、西北等地区。成虫可取食粮食作物、花生、棉花、麻类、豆类、牧草及各种苗木嫩叶、茎；幼虫取食腐殖质和植物根系。

[**形态特征**] 成虫体长4.4 ~ 5.8毫米，宽2.3 ~ 3.1毫米，卵圆形，覆褐色和白色鳞片，鳞片间散布细毛。褐色鳞片在前胸背板上形成3条淡纵纹，白色鳞片在前胸近外侧形成2条淡纵纹，在鞘翅第三、四行间基部和肩部形成白斑。每侧鞘翅有10行纵列刻点。触角11节，膝状。喙短而扁平。卵长约0.9毫米，宽约0.5毫米，椭圆形。初产时乳白色，经24小时后变黑褐色，进而变黑色。老熟幼虫体长6 ~ 9毫米，乳白色。蛹体长5 ~ 6毫米，椭圆形，乳黄色，复眼灰色。

花生苗上的蒙古土象成虫

蒙古土象成虫

[**发生规律**] 2年发生1代，以幼虫、成虫隔年交替越冬。成虫于5 ~ 6月为害作物幼苗，只爬不飞，有群居性和假死习性。卵散产于土中。

[**防治技术**] 同黑绒金龟，但防治适期比黑绒金龟晚5天左右。

沙 潜

沙潜（*Opatrum subaratum* Faldermann）属鞘翅目拟步甲科 。别

名：网目拟地甲、砂潜、类沙土甲等。

[**分布与为害**] 分布在我国东北、华北、西北、安徽等地。主要为害禾谷类粮食作物、花生、棉花、大豆等。

[**形态特征**] 成虫体长6.4 ~ 8.7毫米，椭圆形，较扁，黑褐色，通常体背覆有泥土，故视呈土灰色。触角11节，棍棒状。前胸背板发达，密布细沙状刻点。鞘翅近长方形，将腹部完全遮盖，其上有7条隆起纵线，每条纵线两侧有5 ~ 8个瘤突，视呈网络状。腹部腹板可见5节。卵长1.2 ~ 1.5毫米，椭圆形，乳白色。老熟幼虫体长15 ~ 18毫米，深灰黄色。蛹体长6.8 ~ 8.7毫米，黄褐色。

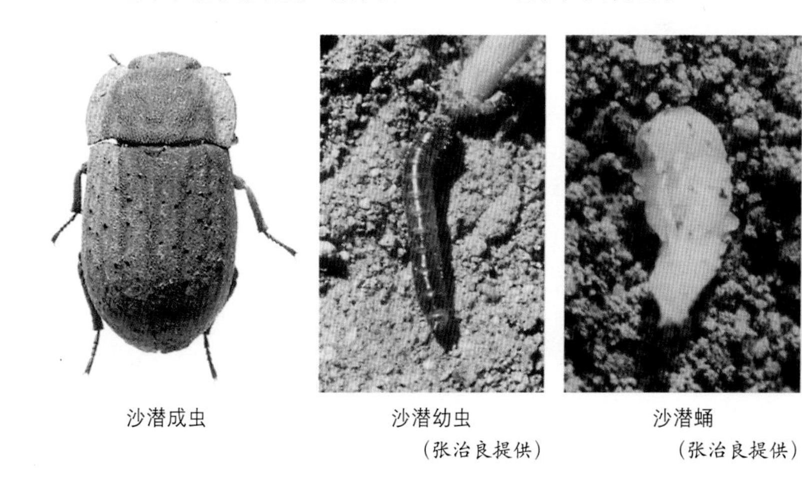

沙潜成虫　　沙潜幼虫（张治良提供）　　沙潜蛹（张治良提供）

[**发生规律**] 一年发生1代，以成虫在土中及枯草落叶下越冬。早春3月成虫即活动，田间3月中旬可见卵，4月下旬至5月下旬为盛期，6月下旬为末期。卵期长短不一。幼虫孵化后，便在土中活动、为害，辽宁为害盛期在5、6月，幼虫期25 ~ 40天，幼虫具假死性。田间6月上、中旬开始见蛹，直至7月下旬左右，蛹期7 ~ 11天。成虫羽化后多趋于作物和杂草根部越夏，秋季向外转移活动，为害秋播作物幼苗至潜土越冬。成虫、幼虫均在苗期为害。

沙潜喜干燥，一般多发生在旱地或较黏性土壤中。成虫只爬不飞，假死性甚强。成虫寿命长，有的长达3年，连续3年都能产卵。具孤雌生殖现象。

[**防治技术**] 同宽背金针虫。

双斑长跗萤叶甲

双斑长跗萤叶甲[*Monolepta hieroglyphica*（Motschulsky）]属鞘翅目萤叶甲科。别名：双斑萤叶甲。

[分布与为害] 在我国广泛分布于东北、华北、华中、宁夏、甘肃、陕西、江苏、浙江、四川、贵州、新疆等地。成虫食性杂，危害性较大，主要为害豆类、花生、玉米、高粱、粟、向日葵、马铃薯等。幼虫生活于土中，以杂草及禾本科植物等的根部为食。

[形态特征] 成虫长卵圆形，体长3.5 ~ 4.0毫米。头、胸红褐色，触角灰褐色。鞘翅基半部黑色，上有2个淡黄色斑，斑前方缺刻较小，鞘翅端半部黄色。胸部腹面黑色，腹部腹面黄褐色，体毛灰白色。触角丝状，11节，基部3节黄色，余为黑色。卵圆形，初产时棕黄色，长约0.6毫米，宽约0.4毫米。幼虫长形，白色，少数黄色；体长约6毫米，宽约1.2毫米，但行动时可伸长至9毫米。蛹白色，长2.8 ~ 3.5毫米，宽约2毫米，体表具刚毛。

花生田的双斑长跗萤叶甲成虫

双斑长跗萤叶甲成虫交配状

[发生规律] 在辽宁、河北、山西一年发生1代，以卵在土中越冬。越冬卵5月开始孵化，7月出现成虫。羽化后经20余日进行交配。雌虫将卵产于土缝中，一次可产卵30余粒，一生可产卵200余粒。卵散产或几粒黏在一起。

[防治技术]

（1）苗期预防　在播种时，每亩用3%克百威（呋喃丹）颗粒剂2.2 ~ 4.4千克与种子同步施入播种沟内，然后覆土。

（2）生长季防治　在发生严重的田块，可于成虫盛发期选喷80%

敌敌畏乳油1 000倍液、45%马拉硫磷乳油800倍液、2.5%溴氰菊酯乳油3 000～4 000倍液、2.5%高效氟氯氰菊酯乳油2 000～3 000倍液。

小 地 老 虎

小地老虎[*Agrotis ipsilon*（Hufangel）]属鳞翅目夜蛾科。别名：土蚕、黑地蚕、切根虫。异名：*Agrotis ypsilon*（Rollemberg）。

[分布与为害] 小地老虎分布广泛，在全国各地均有发生，为害严重。主要为害花生、玉米、高粱、麦类、棉花、烟草、豌豆、茄科蔬菜、白菜等作物。低龄幼虫取食作物的子叶、嫩叶和嫩茎，高龄幼虫可将幼苗近地表部位咬断，造成缺苗断垄甚至毁种重播。

[形态特征] 成虫体长16～23毫米，翅展42～54毫米。雌蛾触角丝状；雄蛾触角双栉齿状。前翅暗褐色前缘色较深。后翅灰白色，翅脉及边缘黑褐色。卵高约0.5毫米，宽约0.6毫米，半球形，表面具纵棱与横道。初产时乳白色，孵化前变灰褐色。老熟幼虫体长41～50毫米，头部黄褐色至暗褐色。体黄褐色至黑褐色，体表粗糙，满布龟裂状皱纹和大小不等的黑色颗粒。腹部第一至八节背面有4个毛片。臀板黄褐色，有2条深褐色纵带。蛹体长18～24毫米，红褐色或暗褐色。

小地老虎成虫
（引自Adam Sisson）

小地老虎幼虫
（引自Adam Sisson）

[发生规律] 小地老虎各虫态都不滞育，是南北往返的迁飞性害虫，故在全国各地发生世代各异。在辽宁一年发生2～3代。越冬代成虫迁入时间是4月中、下旬；第一代发蛾期为6月中、下旬；第二代发蛾期为8月上、中旬；第三代（即南迁代）发蛾期为9月下旬至

10月上旬。幼虫于春季为害多种作物幼苗；秋季为害秋菜。成虫具有趋光性；有强烈的趋化性，喜吸食糖蜜等带有酸甜味的汁液。

［**防治技术**］

（1）闷种　同东方蝼蛄。

（2）毒饵诱杀　用切短的鲜菜叶或杂草在80%敌百虫可溶性粉剂100倍液中浸10～20分钟后，成堆撒施在易受害苗附近。

（3）草堆诱杀　用鲜嫩的灰菜、苦荬菜、刺儿菜、苜蓿等，每隔4～5米放一堆，次日晨（日出前后）翻草捕捉幼虫。3～4天换1次。

（4）设置杀虫灯或糖醋盆（糖6份、醋3份、白酒1份、水10份、80%敌百虫可溶性粉剂1份混合调匀）诱杀成虫。

黄 地 老 虎

黄地老虎[*Agrotis segetum*（Denis et Schiffermüller）]属鳞翅目夜蛾科。异名：*Euxoa segetum* Schiffermüller。

［**分布与为害**］黄地老虎分布在我国东北、西北、华北、华中、西南等地。主要为害花生、玉米、高粱、小麦、马铃薯、烟草、牧草、棉花、麻、甜菜、瓜类和各种蔬菜。

［**形态特征**］成虫体长14～19毫米；翅展31～43毫米。体淡灰褐色。雌蛾触角丝状；雄蛾触角双栉齿状。前翅黄褐色；翅面散布小黑点。后翅白色，前缘略带黄褐色。卵半球形，直径约0.5毫米，表面具纵棱与横道。老熟幼虫体长33～43毫米。头黄褐色，体淡黄褐色，多皱纹。臀板具2大块黄褐色斑，中央纵断，小黑点较多。蛹体长15～20毫米。

［**发生规律**］在辽宁一年发生2代，以老熟幼虫在土中越冬。5月第一代幼虫为害春播作物幼苗；8月第二代幼虫为害秋菜、牧草等。各地均以第一代幼虫为害严重。成虫对黑光灯有一定趋性；喜在大葱花蕊上取食。

［**防治技术**］

（1）闷种　同东方蝼蛄。

（2）毒饵诱杀　用切短的鲜菜叶或杂草在80%敌百虫可溶性粉剂100倍液中浸10～20分钟后，成堆撒施在易受害苗附近。

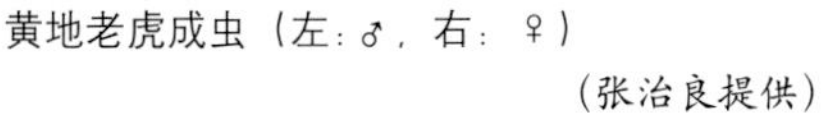
黄地老虎成虫（左：♂，右：♀）
（张治良提供）

黄地老虎幼虫
（张治良提供）

银 纹 夜 蛾

银纹夜蛾[*Argyrogramma agnata*（Staudinger）]属鳞翅目夜蛾科。

[分布与为害] 银纹夜蛾分布广泛，属世界性害虫。主要为害花生、大豆及十字花科蔬菜。

[形态特征] 成虫体长15～17毫米，翅展32～36毫米。头、胸灰褐色。前翅深褐色，中央处有1个马蹄形银边褐色斑纹和1个近三角形银白色斑纹，两纹靠近但不相连。腹部灰褐色。卵半球形，长0.4～0.5毫米，初产时乳白色，后变乳黄色，卵壳上有明显的放射状纵棱。老熟幼虫体长25～32毫米，头绿色，体淡黄绿色，前端细后端粗。胸足3对，腹足2对，臀足1对，均为绿色。第一、二、三腹节常弯曲，似尺蠖状。蛹纺锤形，体长18～20毫米，初淡绿色，后变红褐色。

[发生规律] 一年发生代数因地而异。在辽宁一年发生1～2代，以蛹在寄主枯叶上越冬。成虫昼伏夜出，趋光性强，趋化性弱。初孵幼虫多隐藏在叶背面为害，三龄后食害上部嫩叶成孔洞，多在夜间为害，老熟幼虫在叶背结茧化蛹。

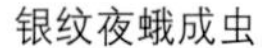

银纹夜蛾成虫

花生田中的银纹夜蛾幼虫

[**防治技术**]

（1）设黑光灯诱杀成虫。

（2）药剂防治　当百株有虫50头以上时应实施药剂防治。在幼虫一至二龄期可喷洒Bt、苏脲一号等生物制剂。也可选用50%敌敌畏乳油、50%杀螟硫磷乳油、45%马拉硫磷乳油等进行喷雾。

苜 蓿 夜 蛾

苜蓿夜蛾[*Heliothis viriplaca*（Hüfnagel）]属鳞翅目夜蛾科。别名：苜蓿实夜蛾。

[**分布与为害**] 苜蓿夜蛾分布在我国东北、华北、华中、新疆等地。主要为害花生、大豆、豌豆、小豆、甜菜、棉花等作物。

[**形态特征**] 成虫体长14 ～ 17毫米，翅展28 ～ 36毫米。头、胸灰褐色，下唇须和足灰白色。前翅黄褐色带青绿色。后翅淡黄褐色，中部有一大型弯曲黑斑，外缘有黑色宽带，带的中央有一白色至淡褐

苜蓿夜蛾成虫

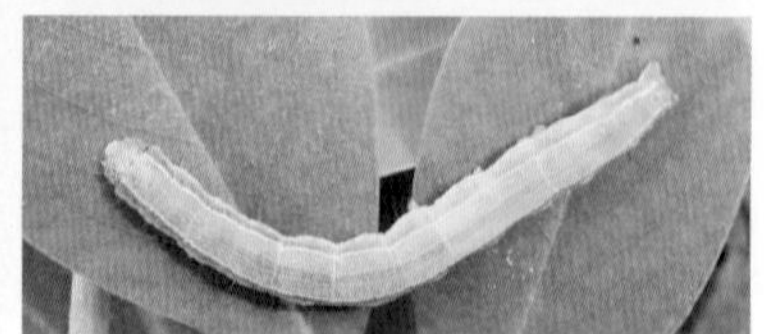

苜蓿夜蛾幼虫

色斑。卵长约0.5毫米，半球形，底部较平，卵壳表面有纵棱；初产时白色，后变黄绿色。老熟幼虫体长31 ～ 37毫米；头部淡黄褐色，上有许多明显的黑褐色小斑点；体色变化较大，黄绿色至棕绿色。蛹体长15 ～ 20毫米，宽4 ～ 5毫米，黄褐色。

［**发生规律**］在东北、华北一年发生2代，以蛹在土中越冬。东北地区4月下旬成虫羽化，5月下旬于作物背面产卵，卵约经7天孵化。幼龄幼虫有吐丝卷叶的习性，并潜伏其中蚕食叶肉，长大后不再卷叶，沿叶主脉暴食叶片，将叶片吃成缺刻或孔洞，甚至吃光。7月第一代幼虫老熟入土化蛹。7月下旬开始羽化为成虫，产卵后孵化第二代幼虫继续食叶为害，9月第二代老熟幼虫入土化蛹越冬。

［**防治技术**］

（1）农业防治　早春翻地，消灭越冬蛹。夏季结合防治其他害虫加强中耕，杀灭各代夏蛹，减少下代为害虫量。

（2）设黑光灯或高压汞灯，诱杀成虫。

（3）药剂防治　发生量大时掌握在幼虫三龄以前喷药防治。常用药剂有：80%敌百虫可溶性粉剂或80%敌敌畏乳油1 000倍液、50%杀螟硫磷乳油800 ～ 1 000倍液、2.5%联苯菊酯（天王星）乳油2 000 ～ 3 000倍液、5%氟啶脲（抑太保）悬浮剂1 500倍液、10%溴虫腈（除尽）悬浮剂2 000倍液、15%茚虫威（安打）悬浮剂2 500倍液、52.25%毒死蜱·氯氰乳油1 500倍液、（16 000国际单位/毫克）苏云金杆菌可湿性粉剂1 500倍液，视虫情喷2 ~ 3次，间隔7 ~ 10天，注意交替用药。

甘　蓝　夜　蛾

甘蓝夜蛾[*Mamestra brassicae*（Linnaeus）]属鳞翅目夜蛾科。

［**分布与为害**］分布广泛，在全国各地均有发生，但北方发生较重。为害多种植物，以甘蓝、花生、白菜、油菜、菠菜、甜菜等受害严重。

［**形态特征**］成虫体长18 ～ 25毫米，翅展40　50毫米。前翅褐色。后翅淡褐色。卵半球形，初产时乳白色，后卵顶渐现放射状紫色纹，近孵化时紫黑色。幼虫老熟时体长28 ～ 37毫米。一龄体色紫黑色；二至四龄绿色，头淡褐色；五至六龄褐色，各体节上有黑褐色八字形短纹。

甘蓝夜蛾成虫

蛹体长16～23毫米，赤褐色。

[发生规律] 在我国北方一年发生2～3代，以蛹在土中越冬。幼虫食叶片，一龄群居在叶背啃食叶肉；二龄后分散取食；五至六龄为暴食期，可将叶肉吃光，仅剩叶脉。

甘蓝夜蛾幼虫

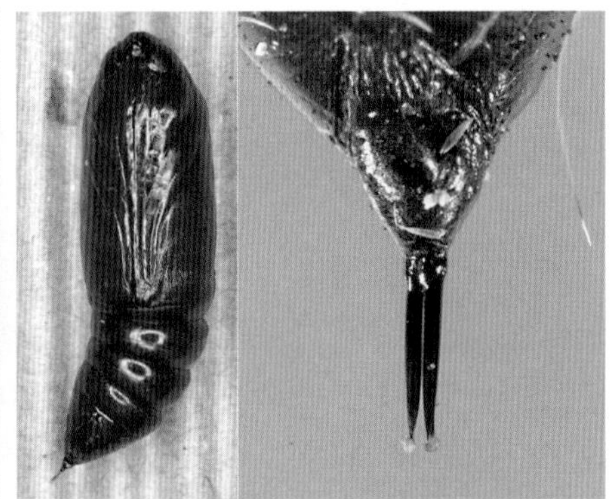
甘蓝夜蛾蛹及其腹部末端
（引自Malcolm Storey）

[防治技术]

（1）秋翻地，于秋季采收后及时耕翻土地，可消灭部分越冬蛹。

（2）于卵或初孵幼虫盛期，人工摘除卵块及小幼虫，集中处理。

（3）设置黑光灯或糖醋液盆诱杀成虫。

（4）生物防治　在有条件的地区，于卵盛期释放赤眼蜂。

（5）药剂防治　可选用80%敌百虫可溶性粉剂1 000倍液；2.5%溴氰菊酯乳油，或20%氰戊菊酯乳油，或5%氟虫腈悬浮剂3 000～3 500倍液；5%氟啶脲（抑太保）悬浮剂1 500倍液；10%溴虫腈（除尽）悬浮剂2 000倍液；15%茚虫威（安打）悬浮剂2 500倍液；52.25%毒死蜱·氯氰乳油1 500倍液；(16 000国际单位/毫克)苏云金杆菌可湿性粉剂1 500倍液喷雾，视虫情喷2～3次，间隔7～10天，注意交替用药。用药剂防治甘蓝夜蛾幼虫时应掌握在三龄以前进行，效果更好。

甜 菜 夜 蛾

甜菜夜蛾[*Spodoptera exigua*（Hübner）] 属鳞翅目夜蛾科。异名：*Laphygma exigua*（Hübner）。别名：贪夜蛾、玉米叶夜蛾。

[**分布与为害**] 甜菜夜蛾是一种世界性害虫，多有严重为害或成灾的记录。在我国20世纪80年代以前只是零星发生，1986年以来，成灾频率和程度越来越高（重）。目前已报道在华东、华中、辽宁、北京、河北、河南、陕西、广东、云南、四川等地有分布。食性极杂，为害植物达百余种，尤喜食十字花科蔬菜、豇豆、菜豆、大葱、蕹菜、苋菜、辣椒等，也可为害花生、马铃薯、菠菜、芋、姜、大豆、棉花、玉米等。

花生叶被害状

[**形态特征**] 成虫体长10 ～ 14毫米，翅展25 ～ 30毫米。头、胸部灰褐色，腹部淡褐色，前翅灰褐色。后翅银白，略带粉红色，翅缘灰褐色。卵圆馒头形，白色，多粒卵聚集成卵块。幼虫老熟时体长达22 ～ 27毫米。体色变化较大，有绿色、暗绿、黄褐至黑褐色。三龄前多为绿色，三龄后头后方有2个黑色斑纹。蛹体长约10毫米，黄褐色，三至七节背面和五至七节腹面有粗刻点。

[**发生规律**] 在我国北方甜菜夜蛾能否越冬尚不明确。在江西、湖北、湖南、浙江、云南宾川一年发生6 ～ 7代，福建福州发生8代，

甜菜夜蛾成虫

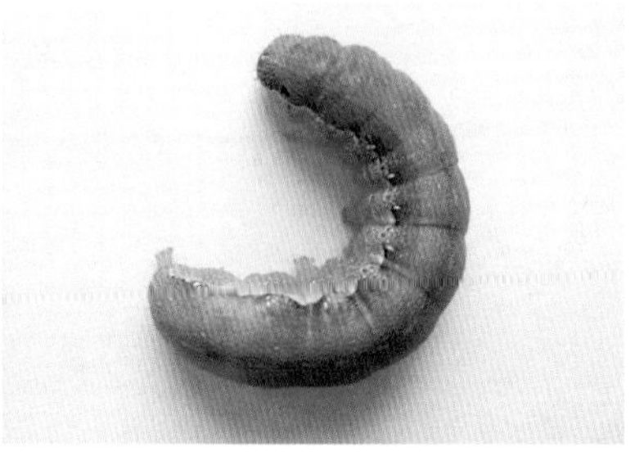

甜菜夜蛾幼虫

上述各地均以蛹越冬。福建厦门发生9 ~ 10代，广东深圳10 ~ 11代，均可终年繁殖，无越冬现象。成虫具有远距离迁飞习性和强烈的趋光性，产卵于叶片上。幼虫一般有5龄，少数6龄。初龄幼虫群集叶背，吐丝结网，在网内取食叶片，三龄后分散为害。幼虫活泼，稍受惊扰即吐丝落地，有假死习性，老熟后入土化蛹。

［**防治技术**］同甘蓝夜蛾。

棉　铃　虫

棉铃虫［*Helicoverpa armigera*（Hübner）］属鳞翅目夜蛾科。

［**分布与为害**］棉铃虫分布广泛，属世界性害虫，我国除青海、西藏不详外，各地均有分布。主要为害花生、棉花、小麦、玉米、高粱、番茄、茄子、向日葵、豌豆、豇豆等作物。

花生叶片被害状

［**形态特征**］成虫体长14 ~ 18毫米，翅展30 ~ 38毫米，一般雌虫黄褐色，雄虫灰绿色。卵直径0.5 ~ 0.8毫米，初产时乳白色。幼虫老熟时体长40 ~ 45毫米；头部黄绿色，有不规则的网状纹，体色有淡红、黄白、淡绿、绿等几种类型。蛹体长17 ~ 20毫米，腹部第五至七节各节前缘密布环状刻点。

［**发生规律**］在辽宁一年发生2 ~ 3代。以蛹在土中越冬，春季气温达15℃以上时开始羽化。初龄幼虫啃食嫩叶，留表皮组织，以后咬

棉铃虫成虫

棉铃虫蛹

（引自Salvatore Saitta）

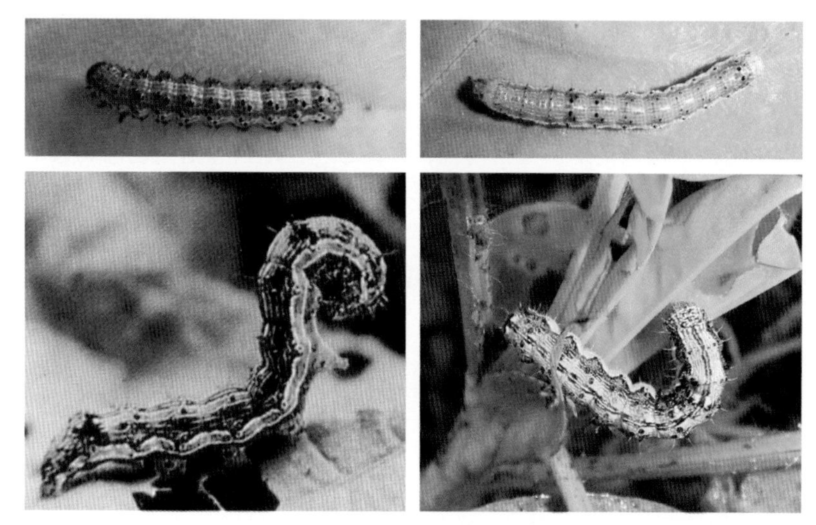

棉铃虫幼虫

穿未伸展的复叶，待羽状复叶展开后，4片小叶则呈现相对称的孔洞或缺刻。二龄后的幼虫开始取食叶缘或花冠，尤其喜在清晨钻入初开的新花内掠食花蕊和柱头。四龄以后的幼虫不仅食量增大，而且还能转株移穴，为害迅速。成虫夜间有趋光和趋杨树枝的习性。

[**防治技术**]

（1）农业防治　冬、春季深耕、灌水可消灭土中越冬蛹。生长季中耕也可杀死部分蛹，减轻下代为害。

（2）利用高压汞灯或黑光灯诱杀成虫，压低虫源。也可利用棉铃虫成虫对杨树叶挥发物有趋性和白天隐藏于杨树枝把内的习性，在成虫羽化、产卵时在棉田插杨树枝把。

（3）药剂防治　可选用下列药剂：①生物制剂：在卵高峰期至幼虫孵化盛期喷洒稀释后的Bt制剂1～2次，或在卵高峰期用棉铃虫核型多角体病毒成品对水后喷雾防治。②昆虫生长调节剂：在卵孵化高峰期施用5%氟啶脲（抑太保）乳油每亩30～50毫升或5%氟虫脲（卡死克）可分散液剂75～100毫升，对水40～50升喷雾。尤其防治对菊酯类农药已产生抗药性的棉铃虫，有良好效果。③氨基甲酸酯类及有机磷杀虫剂：在卵盛期和初龄幼虫期，每亩用24%灭多威可溶液剂100～150毫升或48%毒死蜱（乐斯本）乳油100～170毫升，对水1 000 ~ 1 500倍喷雾。④除虫菊酯类杀虫剂：每亩用10%氯氰菊酯乳油30 ~ 50毫升，或2.5%高效氟氯氰菊酯乳油25 ~ 35毫升，或2.5%溴氰菊酯乳油30 ~ 50毫升，对水40 ~ 60升常规喷雾。由于棉铃虫对各种杀虫剂易产生抗药性，要注意轮换用药和适当使用高效复合杀虫剂，加强抗性监测和治理。

梨剑纹夜蛾

梨剑纹夜蛾[*Acronycta rumicis*（Linnaeus）]属鳞翅目夜蛾科。

[分布与为害] 分布于我国东北、河北、山东、江苏、江西、湖北、贵州等地。主要为害花生、棉花、大豆、梨、李等作物。

梨剑纹夜蛾成虫

[形态特征] 成虫体长约14毫米，翅展32 ~ 46毫米。头、胸部棕灰色杂黑白毛。卵直径约0.6毫米，宝塔形，表面具纵脊及褐色花斑。老熟幼虫体长28 ~ 33毫米，灰褐色。头部红褐色，冠缝及傍额片白色。蛹体长约19毫米，宽约6毫米，圆筒形，赤褐色至暗褐色。

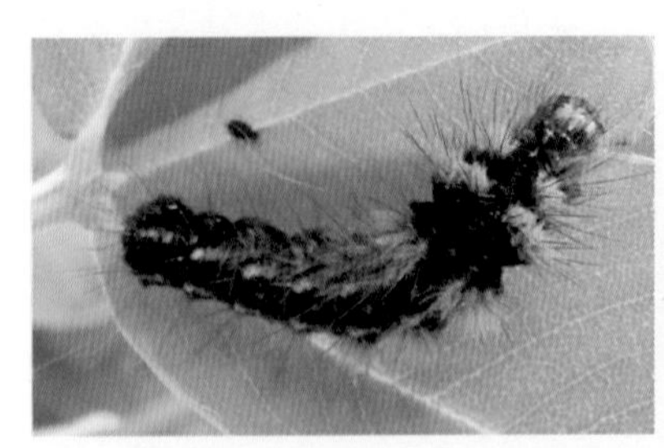

梨剑纹夜蛾幼虫

[发生规律] 在辽宁一年发生2代，4月下旬至8月上旬可诱到成虫。幼虫5月下旬至8月上旬为害大豆，8月上旬至9月中旬在棉花、大豆、花生上为害。幼虫不活泼，行动迟缓。以蛹在土中越冬。

[防治技术]

（1）农业防治　秋季或早春耕翻土地，消灭越冬蛹。

（2）黑光灯诱杀成虫。

（3）药剂防治　发生严重地块，在田间各代幼虫发生初期，喷洒50%杀螟硫磷乳油，或20%灭多威乳油1 000倍液，或20%氰戊菊酯乳油等除虫菊酯类药剂2 000 ～ 3 000倍液。

大 造 桥 虫

大造桥虫[*Ascotis selenaria*（Denis et Schiffermüller）]属鳞翅目尺蛾科。

[**分布与为害**] 大造桥虫分布在我国东北、华中、河北、陕西、山东、江苏、浙江、福建、安徽、四川等地。主要为害花生、豆类、棉花、柑橘、小蓟等。

大造桥虫成虫

[**形态特征**] 成虫体长15 ～ 17毫米，翅展38 ～ 45毫米。体色变异较大，一般为淡灰褐色。卵长椭圆形，长约1.7毫米，初产时青绿色，孵化前灰白色。老熟幼虫体长约40毫米。幼龄灰黑色，后逐渐变为青白色，老熟时多为灰黄色或黄绿色。蛹体长约14毫米，黄褐色，有臀棘2根。

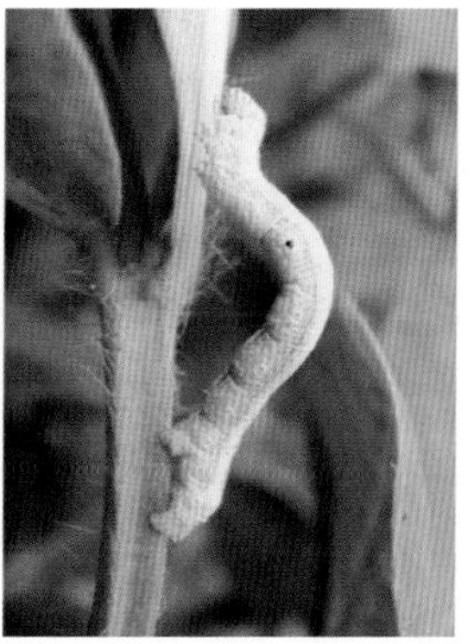

大造桥虫幼虫

[**发生规律**] 在辽宁沈阳，以蛹在土中越冬。6月上旬至8月下旬均可见到成虫，盛期在6月中、下旬。卵期5天，幼虫期18 ~ 21天，蛹期9 ~ 10天，成虫寿命6 ~ 8天。成虫羽化后1 ~ 3天交配，交配后第二天产卵，卵散产在土缝中或土面上。成虫日伏夜出，有趋光性，飞翔力弱。幼虫在作物上常做拟态，呈嫩枝状。

[**防治技术**]

（1）农业防治　全面进行秋翻或冬耕灭蛹，减少虫源。也可在作物生长季节，各代幼虫化蛹时，结合中耕灭蛹。

（2）设黑光灯　结合预测预报工作，诱杀成虫，减少田间卵量。

（3）药剂防治　掌握在幼虫三龄以前，喷洒25%灭幼脲悬浮剂1 000倍液，或80%敌百虫可溶性粉剂1 000倍液。也可使用20%氰戊菊酯乳油或4.5%高效氯氰菊酯乳油等除虫菊酯类农药2 000 ~ 3 000倍液。

朱　砂　叶　螨

朱砂叶螨[*Tetranychus cinnabarinus*（Boisduval）]属真螨目叶螨科。别名：棉红蜘蛛、棉花红蜘蛛。

[**分布与为害**] 朱砂叶螨是世界性害螨，在我国分布于华北、华东、华中、华南及辽宁、河南、陕西、甘肃、云南等地。属多食性害虫，是棉花的重要害螨，还为害花生、蔬菜、林木、温室栽培植物和多种观赏植物，达100多种。

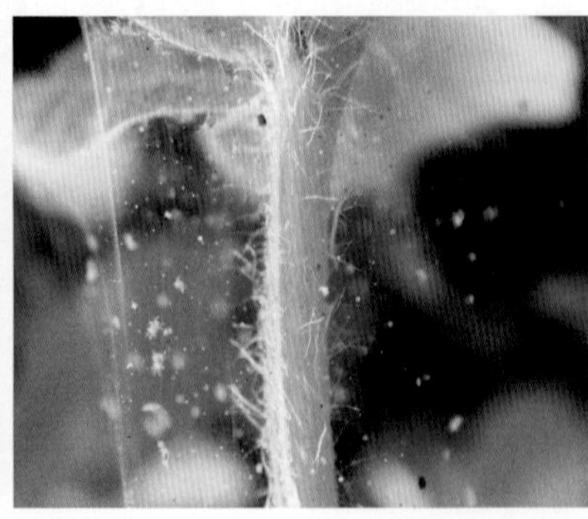

花生被害状

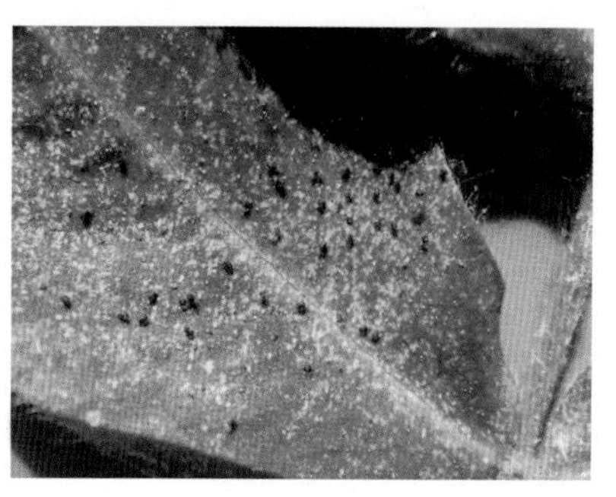
朱砂叶螨放大

［**形态特征**］雌成螨体长417～559微米，宽256～330微米，椭圆形，锈红色或深红色。足4对，爪间突分裂成3对针状毛。雄成螨体长365～416微米，菱形，红色或淡红色。形态特征与雌螨同。卵圆形，直径约129微米，橙黄色。

［**发生规律**］北方一年发生12～15代。10月中、下旬雌螨变成橙红色的滞育型，从寄主向越冬场所转移，在干枯棉叶、棉秆、杂草根部及土缝、树皮缝隙等处越冬。在叶片反面为害，吐丝结网并产卵。

［**防治技术**］

（1）农业防治　秋后清除田间和田边杂草及枯枝落叶，秋播时耕翻整地，将越冬成螨深埋土下；春季幼苗出土前，及时铲除田内外杂草，可有效压低虫源。另外，通过合理灌溉和施肥，促进植株健壮生长，增强耐害力，减少损失。

（2）药剂防治　应加强虫情监测，尽可能控制在点片发生阶段。苗期要注意局部挑治，直至普遍发生，可选用杀螨药剂防治，如用45%硫磺悬浮剂300倍液或73%炔螨特（克螨特）乳油2 000～3 000倍液等常规喷雾；在成螨数量少，卵和若螨集中发生时，也可用5%噻螨酮（尼索朗）乳油1 500～2 000倍液防治；在各虫态混发时可用15%哒螨灵乳油或20%哒螨灵可湿性粉剂1 500倍液喷雾防治。

主要参考文献

戴芳澜.1979.中国真菌总汇[M].北京：科学出版社.

董炜博，石延茂，赵志强，等.2000.花生品种（系）叶部病害综合抗性鉴定[J].中国油料作物学报，22（3）:71-74.

傅俊范，王大洲，周如军，等.2013.辽宁花生网斑病发生危害及流行动态研究[J].中国油料作物学报，35（1）:80-83.

何振昌，张治良，等.1997.中国北方农业害虫原色图鉴[M].沈阳：辽宁科学技术出版社.

蒋春廷，赵彤华，王兴亚，陈彦.2010.关于花生蚜*Aphis craccivora*的生物学和生态学的研究进展[J].辽宁农业科学，6:38-40.

柳建林.2008.花生根结线虫病的发生与防治[J].现代农业科技（16）：122-123.

陆家云.1997.植物病害诊断[M].第2版.北京：中国农业出版社.

万书波.2003.中国花生栽培学[M].上海：上海科学技术出版社.

王小奇，方红，张治良.2012.辽宁甲虫原色图鉴[M].沈阳：辽宁科学技术出版社.

王移收.2006.我国花生产品加工业现状、问题及发展对策[J].中国油料作物学报（4）：498-502.

魏鸿钧，张治良，王荫长.1989.中国地下害虫[M].上海：上海科学技术出版社.

魏景超.1979.真菌鉴定手册[M].上海：上海科学技术出版社.

徐明显，石延茂.1990.我国花生网斑病的病原问题[J].花生科技（1）：19-20.

徐秀娟，崔凤高，石延茂，等.1995.中国花生网斑病研究[J].植物保护学报，22（1）:70-74.

徐秀娟.2009.中国花生病虫草鼠害[M].北京:中国农业出版社.

许泽永，陈坤荣，晏立英.2004.几种重要花生病毒病研究新进展[J].植物病理学报，34（1）:1-7.

杨静.2009.我国花生产业的发展现状及建议[J].中国食品与营养（1）:17-19.

杨兆森，周文辉，李有志，等.1997.陕西关中花生叶部病害的种类与防治[J].中国油料，19（2）:48- 50.

张明厚.1995.油料作物病害[M].北京：中国农业出版社.

张治良，赵颖，等.2009.沈阳昆虫原色图鉴[M].沈阳：辽宁民族出版社.

朱茂山，许国庆.2011.辽宁省花生病虫害发生现状及发展趋势[J].辽宁农业科学，4:58-60.

图书在版编目（CIP）数据

图说花生病虫害防治关键技术 / 傅俊范主编. — 北京：中国农业出版社，2013.5（2015.8 重印）
ISBN 978-7-109-17889-2

Ⅰ. ①图… Ⅱ. ①傅… Ⅲ. ①花生-病虫害防治-图解 Ⅳ. ①S435.652-64

中国版本图书馆CIP数据核字（2013）第099705号

中国农业出版社出版
（北京市朝阳区农展馆北路2号）
（邮政编码 100125）
责任编辑 张洪光 阎莎莎

北京中科印刷有限公司印刷 新华书店北京发行所发行
2013年5月第1版 2015年8月北京第2次印刷

开本：880mm × 1230mm 1/32 印张：3
字数：80千字 印数：4 001~7 000 册
定价：18.00元